新装版 数学入門シリーズ
微積分への道

微積分への道

Calculus

雨宮一郎
Amemiya, Ichiro

岩波書店

本書は，「数学入門シリーズ」『微積分への道』(初版 1982 年) を A5 判に拡大したものです．

序

　本書は科学，工学等，外界の事物を数量的に考察する思考の一部として，重要な役割を果しているヨーロッパで発達した数学が，どんなものであるかの大体の了解を与えることを目標としている．
　この数学は，古代から行われてきた幾何学や算術，中世にアラビアを通して西欧に入って来た代数の思考法を基礎として，今から三,四百年前に，デカルト (Descartes, 1596-1650)，ニュートン (Newton, 1642-1727) らの人々によってはじめられたものである．これは，現在普通，'解析学' あるいは '微分積分学' と呼ばれている．しかし，'代数'，'幾何'，'解析' 等の表面的な区別にこだわらずに，数学を一つのものとして理解することがのぞましい．
　数学は外界の事物の考察にともなって行われる思考であり，しかも，あらかじめ一定のことがらを学習した上でそれを適用するというのではなく，その考察の中から生れて来るのが本来の姿である．この本来の姿は '数学' という改まった意識なしに遂行される日常的な思考にあらわれていて，どんな数学も日常的な思考の延長上にあることを見きわめようとすることが，数学の了解に至る道である．
　ここで '了解' という言葉について一言のべておきたい．われわれは非常に多くのことを了解しているが，通常，何を了解しているかという意識がともなっていない．そこでたまたま了解の欠如している事柄があるとき，その欠如もまた意識しないのである．'数学' は歴史的な事情でそのような事柄の一つになっている．そのため，表面的な知識を求める学習が全体的な了解がないままに行われ，ある程度熟練した後でもなお了解を欠いていることが多い．
　了解は徹頭徹尾自分のために自分ですることで，他人の了解をそ

のまま受取ることは出来ない．はじめにのべた"了解を与える"という言葉も，正確にいえば，了解の手がかりを提供するということである．

　ある事柄についての了解と，その事柄における修練とは，全く別のことである．動物の調教の場合のように了解を欠いた修練もありうるし，修練しなくても了解が可能である．現代の社会に大きな役割をもつ'数学'が一体何であるかの一応の了解に達することは，万人にとって意味のあることであるが，数学の修練は，数学を用うる仕事に従事するものでなければ，（日常的な思考のために自然にそなわっているものは別として）不必要なことである．本書は了解を目標としているので，ややむずかしい議論に入る箇所があっても，それが容易にわかることを期待したり要請しているのではない．断崖に綱をかけて渡ることが出来なくても，それがどういうことかを了解することは出来る．自分でも渡れるように修練することは別問題であり，必要もなく修練することは無意義である．ただその綱渡りを遠くから眺めて，どこに到達するかを見きわめればよい．

　もう一つ注意をうながしておきたいことは，数学の思考を表現する言葉や記法についての態度である．数学はまず第一に思考であって，その思考を表明するための言葉や記法は二の次の問題であるが，数学を何か一定の書式に従ってものを書き連ねることと誤解している人が多い．この種の誤解の原因の一つは，われわれの日常の言葉に対する習慣にあると思う．日常の言葉はそれを耳にした途端に反射的に反応され，またそのことが日常の言葉として機能するために必要である．非日常的な領域にまでこの習慣を持ちこむことによって誤解が生れる．非日常的な思考をそのまま表現する言葉はそなわっていないので，いろいろ無理をして，"仮の言葉"を用いて表明しようとつとめるのである．非日常的といっても日常的なものの延長

上にあるので，それを手がかりとして思想を伝達しようとするのである．こうして特殊な語法や術語が生れるが，それはもはや日常の言葉のように反射的に反応すべきものではなく，語り手の思想をうかがい知る手がかりにすぎない．

　本書ではなるべく特殊な言葉を使うことを避けたいと思うが，読者がすでに学校で習っている術語についてはそのまま用いている．ただ，その言葉が何を意味し，どのような思考を表明するために用いられているかの了解の手がかりをのべておくつもりである．

　本書を書くに当って御世話になった岩堀長慶氏，また激励や忠告をいただいた方々，特に，原稿の一部と校正刷を読んでいただいた志賀浩二氏に感謝する．

　1982年6月

　　　　　　　　　　　　　　　　　　　雨　宮　一　郎

目次

序

第1章　数と函数 …………………………………………………… 1
　§1　代数の思考法 ……………………………………………… 1
　§2　ピタゴラスの定理 ………………………………………… 4
　§3　変数と定数 ………………………………………………… 8
　§4　演算の組合せと函数 ……………………………………… 10
　§5　数と近似値 ………………………………………………… 15
　§6　極限と函数 ………………………………………………… 23
　§7　二つ以上の変数の函数 …………………………………… 30
　　　練習問題 …………………………………………………… 33

第2章　空間の位置を数で表すこと ……………………………… 35
　§1　数と直線 …………………………………………………… 35
　§2　平面の座標 ………………………………………………… 37
　§3　二つの数の間の関係と平面曲線 ………………………… 41
　§4　空間の座標 ………………………………………………… 50
　§5　三つの数の間の関係と曲面 ……………………………… 53
　　　練習問題 …………………………………………………… 61

第3章　落体の運動 ………………………………………………… 64
　§1　等速度運動 ………………………………………………… 64
　§2　落下する物体の運動と瞬間の速度 ……………………… 69

§3	等加速度運動	78
§4	物体を投げたときの運動	85
	練習問題	89

第4章　函数の微分と積分 …… 91
§1	函数の微分	91
§2	函数の演算による組合せの微分	96
§3	函数の増減と極値	104
§4	逆函数	112
§5	函数の積分	116
§6	積分と計量	121
	練習問題	133

第5章　速度に比例した抵抗のある運動と指数函数 …… 135
§1	速度に比例した抵抗を受ける物体の運動	135
§2	指数函数	143
§3	指数函数の多項式による近似	147
§4	対数函数	155
	練習問題	161

第6章　距離に比例した引力による運動と三角函数 …… 162
§1	一点からの距離に比例した引力を受ける物体の運動	162
§2	三角函数	178
§3	三角函数の多項式による近似	182
§4	三角函数の逆函数	185
	練習問題	191

第7章 惑星の運動 …………………………………………… 193
　§1　ケプラーの法則と万有引力 ………………………… 193
　§2　ケプラーの法則に従う惑星の運動の加速度の
　　　計算 ………………………………………………… 197
　§3　距離の平方に反比例する引力を受ける物体の
　　　運動 ………………………………………………… 204
　§4　球状の物体間の引力 ………………………………… 213
　　　練習問題 …………………………………………… 217

解　答 ………………………………………………………… 219
索　引 ………………………………………………………… 233

第1章
数と函数

　函数の概念は近代の数学で中心的な役割を果たしている．函数を実際に考察することは，物体の運動に関連して，第3章以下でのべるが，この章では，数学の対象としての函数の概念を代数の思考法と結びつけて説明する．

　また，運動などの考察から得られる函数を考えるのに必要な極限の概念についてのべる．

§1　代数の思考法

　読者はすでに中学校等で代数を習っているであろう．代数は幾何とともに近代の西洋の数学の基礎であり，またそこで中心的な役割を果たす函数の概念が形成されるもとになっている．したがって，代数を，数の代りに文字を足したり掛けたりする紙上の操作という表面的なこととしてではなく，一つの思想として了解しておくことが大事である．そこで，改めて代数の思考がどんなものかを考えてみよう．

　実際上の問題を数の加減乗除を行って解く'算術'は日常生活でも行われている．総額を足し算で，釣銭の額を引き算で出し，長方形の面積を縦と横の長さを掛け合せて求めたりする場合である．

　この例のように，算術の問題では，どの数にどんな演算を行えばよいかがはじめからわかっていることが多い．しかし少し複雑な問

題になると，どういう演算を行えばよいかについて工夫をしなければならないこともある．

例えば，ここに重さ 3g と 5g の球が混ぜ合せられているとき，その全体の個数が 646 個で，全体の重さが 2506g であることを知っていて，それから，3g と 5g の球がそれぞれいくつあるかを求めるのにどうしたらよいか．この問題に登場する数は 3, 5, 646, 2506 の四つであるが，この四つの数についてどんな演算を行えば答が出るかがすぐにはわからない．何か工夫が必要である．考え方はいろいろあるが，例えば，5g の球は 3g の球と同じものに何か 2g のものが付着していると考えれば（実際にはそうでなくてもよい），3g の球が 646 個あることになり，その重さの総計は $3\times646=1938$ である．したがって，付着物の重さの総計は $2506-1938=568$ となり，付着物の個数は $568\div2=284$ である．そこで，この 284 が 5g の球の個数であるとわかり，3g の球の個数はその残りであるから，$646-284=362$ とわかるのである．

このような工夫の効果は，ひと目でわからない幾何の問題が補助線をうまく引けばすぐわかるのと似ている．こういう工夫をすることは数学では常に行われることであるが，一方，この種の問題のどれにも適用出来るような思考法を考え出すことも重要である．それが代数の思考法である．

その方法というのは，まず問題を解くことは先へのばしておき，この問題に関連する数の間にどんな関係があるかを考察するのである．この問題には，具体的に与えられている 3, 5, 646, 2506 の四つの数の他に，まだわかっていない二つの数 "3g の球の個数" と "5g の球の個数" を合せて全体で六個の数が関連している．この六個の数の間に（わかっているものも，わからないものも平等に扱って）成り立っている関係を全部調べあげるのである．これは頭の中でする

ことであるが，記憶を助けるために，紙の上に書きとめておくのが便利である．この際，"3gの球の個数"とか"5gの球の個数"という長い名詞句をいく度も書くのがわずらわしいし，関係を表す文章をひと目で見わたしにくくするので，それぞれ，a, b というような簡単な略記号を代用する習慣がある．また文章の述語の部分も慣習的な略記法（もともと西洋の文章の略記の形であるが）を用いることにすれば，上記の六個の数の間の関係は，

(1) $$a+b = 646$$
(2) $$3a+5b = 2506$$

の二つである．

こうして関係を列挙したところでひと仕事すんだのであり，あとは，おもむろに，これらの関係からどんな関係が導かれるかを調べてゆくのである．例えば，この二つの関係の左辺どうし，右辺どうしを加えれば，

$$4a+6b = 3152$$

という新しい関係が得られる．しかしこんな関係を一つつけ加えてみても，本来の問題を解決するには役立たない．それには，なるべく簡単な関係を導き出すという工夫が必要である．しかし，この工夫ははじめにのべた問題を解く工夫よりも考え易い．例えば，(1)の両辺を三倍して，

$$3a+3b = 1938$$

を導き，(2)と比較して，この二つの関係の両辺の差をとれば，

$$5b-3b = 2506-1938,$$

すなわち，

$$2b = 568$$

が得られ，この両辺を2で割れば，

$$b = 284$$

という関係が得られる．この関係は，はじめに列挙した二つの関係 (1), (2) から導かれる新たな関係の中で，最も簡単な形をしているものの一つである．それがまた，b がいくつかをのべた言葉になっている．この $b=284$ と (1) から，再び両辺の差をとって，
$$a = 646 - 284 = 362$$
の関係が得られ，a の方もわかるのである．

以上は，どんな計算をしたかという観点から見ると，最初の解法と同じことをしている．違いはどこにあるのであろうか．"3gの球の個数"のことを a と略記したことは便宜上のことで本質的ではない．本質的なことは，いくつかの数の間に演算を用いて成り立つ"関係そのもの"に注目したことである．算術では演算はただ遂行されるものであるのに対して，演算の機能として表された関係自身に注意を向け，それを思考の対象とすることで，新しい思考の世界が開けている．これが代数の思考である．そしてこの演算で表された関係という概念から，後にのべる函数の概念が生れるのである．

§2 ピタゴラスの定理

ピタゴラスの定理というのは，直角三角形の三辺の長さの間の関係をのべたもので，幾何学的にのべれば，図1の直角三角形 ABC の直角をなす頂点 C の両側の辺 CA と CB をそれぞれ一辺とする正方形の面積の和が残りの辺(斜辺と呼ばれる) AB を一辺とする正方形の面積に等しいということである．これを数量的にのべれば，単位の長さを定めて，BC, CA, AB の辺の長さを測った数値をそれぞれ a, b, c とすれば(例えば a は "BC の辺の長さ" という語の略記である)，a, b, c の間に
$$a^2 + b^2 = c^2$$
の関係が成立するというのである．

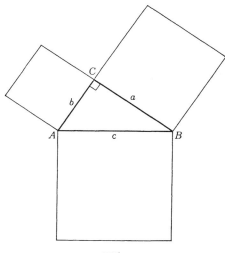

図1

　この定理は古代エジプトでも知られていて,三辺が 3, 4, 5 ($3^2+4^2=5^2$ となっている)の三角形を縄を張って作り,3 と 4 の辺の間の角として,直角を得ることが行われていた.

　この定理を直観的に確かめるには,図2のように,一辺の長さが $a+b$ となるような正方形を二つならべて,その中を同図のように分割すればよい.どちらの正方形でも影をつけた部分は直角三角形 ABC と同じ形のもの四個からなっていて,その残りの白い部分は,一方では一辺 a の正方形と一辺 b の正方形からなり,他方では一辺 c の正方形になっている.

　今度は,この $a^2+b^2=c^2$ という関係を代数の方法によって導くことを考えよう.図3のように,C から AB に垂線を下してその足を D とし,AD, BD, CD の長さをそれぞれ x, y, z とする.このように関係を考える数をつけ加えておいて,この六個の数 a, b, c, x, y, z の間にどんな関係が成立するかを列挙して見よう.点 D を追加した

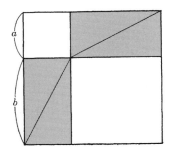 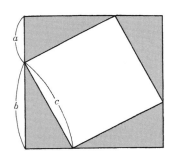

図2

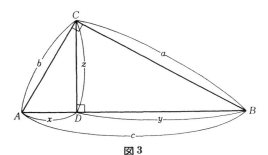

図3

ので，新しい直角三角形 ACD および BCD が出来たが，この三角形はどちらも三角形 ABC に相似であることに注目する．それは

$$\angle ACD = \angle CBD = \angle ABC$$

となることからわかる．三つの直角三角形

$$\triangle ABC, \quad \triangle ACD, \quad \triangle CBD$$

は，各頂点をここに書き並べた順序で対応させることで互いに相似の関係にあるから，各三角形の中の二辺の比も，互いに対応するものが等しい．例えば，AB と BC の長さの比は AC と CD の長さの比，および CB と BD の長さの比に等しい．つまり，

$$c : a = b : z = a : y$$

が成り立つ．

同様に，AB と AC，AC と AD，CB と CD の長さの比が等しい

から，
$$c:b = b:x = a:z$$
も成り立つ．もう一つすぐわかる関係として，
$$x+y = c$$
もある．これらを書きならべると

(1) $$\frac{c}{a} = \frac{b}{z} = \frac{a}{y}$$

(2) $$\frac{c}{b} = \frac{b}{x} = \frac{a}{z}$$

(3) $$x+y = c$$

となる．ただし，(1)と(2)のように等号を連ねた関係は，それぞれ，その中の二つが等しいという三つの関係をまとめて書いたものである．したがって，a, b, c, x, y, z の六個の数の間に全部で七つの関係があることがわかった．この七つの関係の中には，残りの六つから導かれるものもあるが，今それを問題にしなくてもよい．この(1)，(2), (3)から，$a^2+b^2=c^2$ という関係を導き出すことが問題である．無駄をおそれずにいろいろ試みて見ればよいのである．一番能率のよい方法は(能率よくやらなくてもよいが)，(1)の第一項の $\frac{c}{a}$ が第三項の $\frac{a}{y}$ と等しいことを書きかえれば，
$$y = \frac{a^2}{c}$$
となり，(2)の第一項と第二項について同じことをすれば，
$$x = \frac{b^2}{c}$$
となる．

この二つの新しい関係と(3)を組合せれば，

$$\frac{a^2}{c}+\frac{b^2}{c}=c$$

が導かれ，これから両辺に c を乗じて目標の

$$a^2+b^2=c^2$$

を得るのである．

ここでは，ピタゴラスの定理を演算の組合せで表される関係の例としてのべたが，この定理とその逆（三角形の三辺 a,b,c の間に $a^2+b^2=c^2$ の関係があれば，その三角形は直角三角形であることで，これは容易に確かめられる）は第2章以下でしばしば用いられる．

§3 変数と定数

前の二節では，ある状況に関連したいくつかの数，たとえば，a,b の加減乗除で表された関係に注目し，その関係を思考の対象とすることをのべたが，関係そのものを考えているときは，a や b がどういう意味を持つ語句の略記であるかということは考えに入れる必要がない．また，特定の状況を考察するのではなく，加減乗除の組合せや，それを用いて表される関係を，それ自身として考えることもある．実際の状況を窮極的には目的としているのであるが，しばらくそれをはなれて，演算の組合せや，関係について考え，種々の状況の考察の場合にそなえるのである．

このような場合，具体的な状況に言及せずにいきなり，"二つの数 a,b"というような言い方がされる．ただ，その a が，その状況の中でさまざまの値をとりうる場合と，一定の値に定まっている場合を区別して，前者の場合には a を'変数'と呼び，後者の場合には'定数'と呼ぶ習慣がある．その状況の中で a がさまざまの値をとりうるという意味は，a がさまざまの値をとる場合を考察しようとし

§3 変数と定数

ているという意味である．したがって，a を変数あるいは定数というのは，考察の意図を表明した言葉である．状況の詳細には言及しないで，考察の意図だけは示す必要のあるときに用いる言葉である．

例えば，ピタゴラスの定理を考えた場合のように，直角三角形について考え，直角をはさむ二辺の長さを a, b としたとき，ある特定な一つの三角形だけを考えているときは，a も b も定数であり，一方の辺の長さ a を固定して，他の辺の長さがさまざまの三角形を考察しようとしているときは，a は定数で，b は変数，すべての直角三角形を考察の範囲にいれているときは，a も b も変数というのである．

§1 で，3g と 5g の球の個数を，それぞれ，a, b とした場合は，この一つの状況を考えている限り，a も b も定数であり，a と b との和の 646 とか，二種類の球の重さを表す数，3, 5 なども，‘定数’である．問題が解かれれば，実は a は 362 であり，b は 284 であるから，具体的な数の表記 362 のような形をとっていても，"3g の球の個数" という言葉（その略記が a である）で表されていても，一定の数であるという点では同じであるから，どちらも ‘定数’ というのである．

第3章以下で，物体の運動について考えるが，そこで扱う時刻を表す数や，物体の位置を表す数は，変化することが当然考察の範囲に含まれるので，変数である．近代の数学は主として変化する現象を考察するためのものであるから，一般的なことを考える場合に，具体的な状況を明示する必要がないときでも，‘変数’（あるいは，変化しないことを示す‘定数’）という言葉で，考察者の意図を表明する習慣が生れたのである．

§4 演算の組合せと函数

代数の思考法は，ある状況の考察で得られたいくつかの数の間の関係に注目することからはじまるが，数の間の関係に注目することは，その関係を等式の形に表したときの両辺にあらわれる加減乗除の演算の組合せ方に注目することにもなる．

最も簡単な場合として，一つの数 x といくつかの定数とを加法と乗法によって組合せることを考えて見よう．

まず，x と定数 2 を加えた
$$2+x$$
とか，x と 3 を掛け合せた
$$3x$$
とか，それを組合せた
$$2+3x$$
の形の組合せがあるが，このような演算の組合せを"x の一次式"という．これを，もう一つの x の一次式，例えば，
$$4-x$$
と加え合せれば，
$$(2+3x)+(4-x)=6+2x$$
となり，やはり x の一次式となる．

両者を掛け合せれば，
$$(2+3x)(4-x)=8+10x-3x^2$$
となり，これは，x と x と掛け合せた x^2 を含んでいるので，"x の二次式"という．

以上の簡単な例でわかる通り，x と定数とを何回か（x は何度も出て来てもよい）加法，乗法で結合した結果は，"括弧をほどいて"整理すれば，

§4 演算の組合せと函数

$$2+3x$$
$$8+10x-3x^2$$
$$5-2x+4x^2+7x^3$$

のように，x の何乗かの冪(べき)に定数を掛けた項の和の形に書くことが出来る．その中に x の何乗まで出て来るかによって，上の例は，それぞれ，x の一次式，x の二次式，x の三次式といい，x と定数との加法乗法の組合せの総称を，x の'多項式'という．また，例えば，上の三次式の中に出て来る定数 $5, -2, 4, 7$ を，それぞれ x の $0, 1, 2, 3$ 次の'係数'という．

なお，定数も，0次の多項式として，多項式の特別の場合と考える．

減法は -1 を乗じて加えることであるから，乗法と加法の組合せの中に含まれるが，乗法と加法に除法をつけ加えた組合せは，例えば，

$$\frac{2}{1+x}-\frac{3}{x}=\frac{2x-3(1+x)}{x+x^2}=\frac{-3-x}{x+x^2}$$

というように，"共通の分母"になおして書けば，x の多項式を x の多項式で割った形に書き表すことが出来る．このように除法をつけ加えた演算の組合せを "x の有理式" という．多項式も有理式の特別の場合である．

x の多項式や有理式を考えるときは，x がどんな数であるかということに無関係に，演算の組合せに注目しているが，このように注目する必要のあるのは，普通 x を変数として考えている場合である．そこで，多項式，有理式自身を考察するとき，x を変数として，"変数 x の多項式" という言い方をする．変数 x に対して，$2+3x$ はまた一つの変数である．

x の多項式や有理式は，
$$x \longrightarrow 8+10x-3x^2,$$
$$x \longrightarrow \frac{-3-x}{x+x^2}$$

のような，一つの変数から他の変数への対応の仕方を与えている（ここでは矢印を対応を示すのに用いた）．x がさまざまの値をとれば，それに応じて対応する変数の値も変る．例えば，$x=1$ のとき，その 1 が，上の例ではそれぞれ，

$$8+10\times 1-3\times 1^2 = 15,$$
$$\frac{-3-1}{1+1^2} = -2$$

に対応している．この意味で，多項式や有理式は数から数への対応の仕方を与えているということも出来る．

数から数への対応ということは古代から天文学，測量術などで取り扱われていた．しかし単に事実の認識とその記述にとどまっていて，数や図形と同じ意味の数学的対象としては把握されていなかった．これが'函数'という数学的対象として考えられるようになったのは 16 世紀頃からであり，その発端は加減乗除の演算の組合せによって与えられる対応である．この函数の概念は，加減乗除によるものばかりではなく，その対応の仕方が明確に思考され得るような対応をすべて含むものとなって，近代の数学で中心的な役割を演ずるのである．

変数 x がさまざまの値をとる状況を考えて，x の一つ一つの値に対して一つの数を対応する仕方が与えられたとき，この対応の仕方を表す言葉の略記として，一つの文字，例えば f を用いるのは，数を表す言葉の略記の場合と同様で，そのとき，この f によって x に対応する数を $f(x)$ と書く習慣がある．

§4 演算の組合せと函数

例えば,
$$x \longrightarrow 8+10x-3x^2$$
の対応の仕方を f と略記したときは,
$$f(x) = 8+10x-3x^2$$
である.ここで特に $x=1$ とすれば,前に確かめたように,
$$f(1) = 15$$
であり,f によって 1 が 15 に対応するのである.

多項式によって表される函数に限らず,どんな函数 f の場合でも,変数 x に対して,$f(x)$ もまた一つの変数である.ある状況に関連して二つの変数 x, y が考えられ,ある函数 f によって,
$$y = f(x)$$
という関係があるとき,"y は x の函数である"といい,これに関連して "x の函数 $f(x)$" とか,x の函数であることがわかっている場合に,単に,"函数 $f(x)$" という習慣がある.$f(x)$ は本来は f という対応によって x に対応する数を表しているが,$f(x)$ を '函数' と呼ぶのは,対応
$$x \longrightarrow f(x)$$
を略記しているのである.どんな言い方をしても,函数の概念を頭の中ではっきり把握していることが大事である.

同じ語句
$$2+3x$$
が,考えている人の思考の状況によってさまざまの意味に用いられていることを示すと次の通りである.

(1) x が定数ならば,$2+3x$ も一つの定数を表している.例えば $x=4$ ならば,$2+3x$ は単に,一つの数 14 を表しているのである.

(2) x を変数と考えれば,$2+3x$ もまた別の一つの変数である.

(3) $2+3x$ は，一つの数 x から出発して，x に3を乗じて，2を加えるという，加法と乗法の組合せの型を表している．つまり，x の1次の多項式である．この場合には，演算の組合せの仕方が注目されていて，x がどんな状況に関連した数であるかは関心の外に置かれている．

(4) $2+3x$ はまた，対応
$$x \longrightarrow 2+3x$$
という x の函数を表す．

前にあげた x の多項式 $2+3x$, $8+10x-3x^2$, $5-2x+4x^2+7x^3$ を x の函数と考えたとき，それぞれ，一次函数，二次函数，三次函数という．また，x の有理式で表される函数を有理函数という．

x の有理函数
$$x \longrightarrow \frac{-3-x}{x+x^2}$$
を考えるときは，分母が0となるような x の値では，有理式の中にあらわれる除法が意味を失うので，x の値が $0, -1$ となる場合を除外して考えるのである．

有理式で表せない函数の例としては，$x \geqq 0$ に対して，その平方根 $\sqrt{x}$ を対応させる函数
$$x \longrightarrow \sqrt{x}$$
がある．この函数は，平方根をとるという操作が負数に対して適用出来ないので，x の値として負数は除外して考えるのである．

§2でのべたように，直角をはさむ二辺の長さを a, b とした直角三角形の斜辺の長さを c とすれば，
$$a^2+b^2=c^2$$
の関係が成立するが，a, b, c は皆正数であるから，この関係は
$$c=\sqrt{a^2+b^2}$$

と書くことも出来る．今，a を変数と考え，b は定数とすれば，c も a に応じて変る変数となり，上の関係は c と a との函数関係を表している．つまり，変数 a の函数
$$a \longrightarrow \sqrt{a^2+b^2}$$
が考えられている．この函数は，加法，乗法の他に，平方根をとる操作を用いて対応の仕方が与えられているものである．

この平方根をとるということは，平方するという乗法による演算の逆の操作であり，もっと一般にすれば，x の多項式 $f(x)$ に対して，$f(x)$ が与えられた値になるような x を求めることである．このような値を求めることを"代数的な操作"と呼ぶことにする．加減乗除の演算はその特別の場合である．代数的な操作の組合せで対応の仕方が与えられる函数を'代数函数'という．

デカルトは幾何学的事象を考察するのに代数函数を用いたが，物体の運動を考察するのには，代数函数だけでは不充分であり，ニュートンは代数的操作に極限操作をつけ加えて得られる函数を考えている．この極限の概念について次節以下でのべることにする．

§5 数と近似値

前節で平方根をとることにふれたが，平方根の意味について改めて考えて見よう．例えば，"2の平方根"あるいはその略記の $\sqrt{2}$ は "平方すれば2となる数"を意味している．$1, 2, 3$ のような物の個数を表す数，すなわち，自然数の中には平方して2となるものがないことは明らかであるが，二つの自然数 m と n によって，分数の形
$$\frac{m}{n}$$
で表される数，すなわち，"m を n で割った数"あるいは"n 倍すれば m となる数"の中にも平方して2となる数はない．上記の $\dfrac{m}{n}$

を分母分子に共通の因子がないようにとれば，それを平方した

$$\frac{m^2}{n^2}$$

についても同様であるから，それがちょうど2となることはありえないのである．

　小数で表される数も，分数で表せる数の特別の場合であるから（例えば，1.41 は $\frac{141}{100}$ に等しい），$\sqrt{2}$ は小数で表すことが出来ない．それでもなお $\sqrt{2}$ という数を考えようとする理由の一つは，正方形の一辺の長さを単位にとって，その対角線の長さを測れば，ピタゴラスの定理によって，$\sqrt{2}$ の長さとなるということから来ている．しかし，現実に紙の上に正方形を描いてその対角線の長さを測って見ても，ある程度以上の正確さはのぞめない．したがって，$\sqrt{2}$ の正確な長さが外界に実現されることはなく，人間が頭の中で理想的な正方形を考えることによってはじめて $\sqrt{2}$ という数が把握されるのである．

　$\sqrt{2}$ に限らず，すべての数は直観と思考とによって心の中にとらえられるもので，そのまま外界に存在するものではない．1, 2, 3 などの自然数でも，外界には3個の物があるだけで，'3' という数は思考の中でとらえられている．しかし一方，人間の思考は外界と無縁に働くものではなく，常に外界の事物の認識にともなっているものである．したがって，数は，外界の事物の考察に際して，直観と思考が働き，その度ごとに，思考の中で"出会う"ものであるということが出来る．

　$\sqrt{2}$ を思考の中で把握しても，そのままでは，再び外界にもどって，物を作製したりするように，外界の事物に働きかける実際の行動の規準とするわけにはゆかない．そのためには，$\sqrt{2}$ を小数の近似値，例えば，1.4142 (1.4142 はその平方が 1.99996 位の数で $\sqrt{2}$ に

§5 数と近似値

非常に近い)でおきかえて用いるのである．

　現在，実際上用いられる数は十進法による小数で表されるものに限られているといってもよい．これは習慣にすぎないから，他の方法も考えられるが，いずれにしても，実際行動に適応したものがのぞましく，思考の中で把握されたものに直接にもとづいて行動するわけにはゆかない場合が多い．

　数の小数による近似を求めることは，実際に役立つということの他に，思考の中での数の直観的把握を分析的な思考によって確実なものにするという意味を持っている．思考の中で把握された数に対して，その数を近似する小数を必要に応じてどこまでも求め得るということを知ることが，その数との出会いを確かめることにもなるのである．

$\sqrt{2}$ の近似

　一例として $\sqrt{2}$ を近似する小数を求める方法を考えよう．$\sqrt{2}$ のような代数的な関係で与えられる数を近似する小数を求めることは比較的容易である．いろいろの小数をとり上げて，平方して 2 に近いものを探してゆけばよいからである．これは手間がかかるが確実な方法である．また，割り算の場合と同様に，平方根を求める筆算の方法も考え出されているが，ここでは，参考のために，ニュートンが考えた方法で，平方根ばかりでなく，広く代数的な関係や，函数関係によって与えられた数の近似値を求める方法を $\sqrt{2}$ に適用してみよう．

　$\sqrt{2}$ の近似値で $\sqrt{2}$ より少し大きいものを a とする．その誤差 $a-\sqrt{2}$ を d とすれば，

$$\sqrt{2} = a-d$$

であるから，この両辺を平方すれば，

$$2 = (a-d)^2 = a^2 - 2ad + d^2$$

となる．d が非常に小さいときは，d^2 は d に比べてなお小さい数であるから，

$$2 = a^2 - 2ad'$$

となるような d'，すなわち，

$$d' = \frac{a^2-2}{2a}$$

は d に近い値である．そこで，

$$a' = a - d' = a - \frac{a^2-2}{2a} = \frac{a^2+2}{2a}$$

とおけば，a' ははじめの a よりもより $\sqrt{2}$ に近い値となることが期待出来る．

実際，

$$d' = \frac{a^2-2}{2a} = \frac{2ad-d^2}{2a} = \left(1 - \frac{d}{2a}\right)d$$

であるから，a' の誤差 $a' - \sqrt{2}$ は，

$$a' - \sqrt{2} = a - d' - (a-d) = d - d' = \frac{d}{2a}d$$

となり，d が小さければ $\dfrac{d}{2a}$ も小さく，a' の誤差は a の誤差に比べて小さいことがわかるのである．

数 x に対して $\dfrac{x^2+2}{2x}$ を対応させる有理函数

$$x \longrightarrow f(x) = \frac{x^2+2}{2x}$$

を考えれば，$\sqrt{2}$ の近似値 a から出発して，次々に，

$$f(a), \quad f(f(a)), \quad f(f(f(a))),$$

を計算してゆけば，非常に速く $\sqrt{2}$ に近づく近似値が得られる．

$a = 1.5$ として実際に計算してみれば，

§5 数と近似値

$$f(a) \doteqdot 1.4166667$$
$$f(f(a)) \doteqdot 1.4142157$$
$$f(f(f(a))) \doteqdot 1.4142136$$

となり，最後に得られた近似値の誤差は

$$0.0000001$$

より小さい．(上記の $\doteqdot$ は近似的に等しいことを表す.)

円周率の近似

 もう一つの例として，円周率をとり上げよう．これは円の直径に対する円周の長さの比で，π と略記する習慣になっている．半径の長さが1の円の半周の長さが π である．

 長さという量についてのわれわれの直観は，直線上の長さばかりでなく，円のような曲線についても働いているので，円周の長さを考えるのである．この場合も，現実に紙の上に描いた円ではなく，頭の中で考えた理想的な円によって思考の中で把握されるものである．

 実際上の目的では，普通 3.14 などの小数の形の近似値が用いられるが，π の小数の近似値を求めるにはさまざまの方法があり，現在では，計算機によって小数点以下二百万桁まで求められている．これは計算の機能を誇るためで，実際にそんな精密な近似値が必要なわけではない．

 π が $\sqrt{2}$ と同様，分数で表される数でないことを確かめるのは，$\sqrt{2}$ ほど容易ではなく，十八世紀にはじめてわかったことである．

 π の分数による近似値を求める方法をはじめて考えたのは，古代ギリシアのアルキメデス (Archimedes, B. C. 287?-212) で，その方法は，円に内接および外接する正多角形を考え，円周の長さは内接多角形の周より大きく，外接多角形の周より小さいことと，多角形

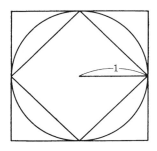

図4

の辺の数を大きくすれば，内接多角形と外接多角形の周の差はどこまでも小さくなることを利用したものである．

アルキメデスの方法に従って，π の近似小数を求めてみよう．半径 1 の円を考え，自然数 n に対して，内接正 2^{n+1} 角形の一辺の長さを a_n，外接正 2^{n+1} 角形の一辺の長さを b_n とする．

$$A_n = 2^n a_n, \qquad B_n = 2^n b_n$$

とおけば，A_n, B_n はこの二つの正多角形の半周であり，π を近似するもので，

$$A_n < \pi < B_n$$

となっている．

$n=1$ のときは正四角形の場合で，図 4 でわかるように，

$$a_1 = \sqrt{2}, \qquad b_1 = 2$$

で，これからは

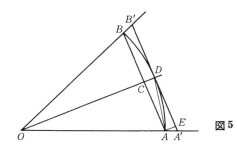

図5

$$A_1 = 2\sqrt{2} < \pi < 4 = B_1$$

がわかる.

　a_n, b_n, a_{n+1} の間の関係を調べてみよう. 図5で, 弧 AB は O を中心とする半径1の円弧で, 弦 AB はこの円に内接する正 2^{n+1} 角形の一辺でその長さが a_n である. (図は $n=2$ の場合であるが, どの n の場合でも同様である.) 弧 AB の中点を D とし, D で円に接する直線と直線 OA, OB との交点をそれぞれ A', B' とすれば, 線分 AD は内接正 2^{n+2} 角形の一辺でその長さが a_{n+1}, 線分 $A'B'$ は外接正 2^{n+1} 角形の一辺でその長さは b_n である. また A から $A'B'$ に下した垂線の足を E とすれば, 線分 $A'E$ の長さは $b_n - a_n$ の半分である.

　AB の中点を C とすれば, 三角形 OCA は C における頂角が直角となる直角三角形で, OA の長さは1, AC の長さは AB の長さの半分で $\frac{1}{2}a_n$ であるから, ピタゴラスの定理によって,

$$OC \text{ の長さ} = \sqrt{1 - \frac{1}{4}a_n^2}$$

である. 今度は直角三角形 ACD にピタゴラスの定理を適用すれば,

$$AC \text{ の長さ} = \frac{1}{2}a_n$$

$$CD \text{ の長さ} = 1 - \sqrt{1 - \frac{1}{4}a_n^2}$$

であるから,

$$a_{n+1} = AD \text{ の長さ} = \sqrt{\frac{1}{4}a_n^2 + \left\{1 - \sqrt{1 - \frac{1}{4}a_n^2}\right\}^2}$$
$$= \sqrt{2 - 2\sqrt{1 - \frac{1}{4}a_n^2}}$$

となり, a_{n+1} と a_n の平方の間の関係

(1) $$a_{n+1}^2 = 2 - \sqrt{4 - a_n^2}$$

が得られ，これによって，$a_1=\sqrt{2}$ から出発して，次々に a_n の値が計算出来る．

その計算を実行する前に，π をはさむ二つの近似値 $A_n=2^n a_n$ と，$B_n=2^n b_n$ の差が n を大きくしたときどのように小さくなるかを見積ってみよう．

$A'E$ の長さは b_n-a_n の半分であるが，直角三角形 AEA' は三角形 OCA と相似であり，AE の長さは CD の長さに等しく

$$1-\sqrt{1-\frac{1}{4}a_n^2}$$

であるから，

$$\frac{1}{2}(b_n-a_n) = A'E \text{ の長さ} = \frac{CA \text{ の長さ}}{OC \text{ の長さ}} \times AE \text{ の長さ}$$

$$= \frac{\frac{1}{2}a_n}{\sqrt{1-\frac{1}{4}a_n^2}}\left(1-\sqrt{1-\frac{1}{4}a_n^2}\right) = \frac{\frac{1}{2}a_n\left(1-\left(1-\frac{1}{4}a_n^2\right)\right)}{\sqrt{1-\frac{1}{4}a_n^2}\left(1+\sqrt{1-\frac{1}{4}a_n^2}\right)}$$

$$= \frac{\frac{1}{8}a_n^3}{\sqrt{1-\frac{1}{4}a_n^2}+1-\frac{1}{4}a_n^2}$$

となるが，$2^n a_n < \pi < 4$ から，

$$a_n < \frac{1}{2^{n-2}},$$

また $a_n \leqq a_1 = \sqrt{2}$ から，$\sqrt{1-\frac{1}{4}a_n^2}+1-\frac{1}{4}a_n^2 \geqq \sqrt{\frac{1}{2}}+1-\frac{1}{2} > 1$ で，

$$b_n - a_n < \frac{1}{4}a_n^3 < \frac{1}{2^{3n-4}}$$

となり，両辺に 2^n を乗じて，

$$B_n - A_n < \frac{1}{2^{2n-4}}$$

を得る．このことは，B_n も A_n も π の近似値として，その誤差が $\frac{1}{2^{2n-4}}$ より小さいことを示している．

次に(1)によって $A_2, A_3, \cdots, A_7$ を卓上計算機によって計算した結果を示すと次の通りである．(8桁で切って計算するための誤差もある．)

$$A_2 \fallingdotseq 3.0614675$$
$$A_3 \fallingdotseq 3.1214452$$
$$A_4 \fallingdotseq 3.1365485$$
$$A_5 \fallingdotseq 3.1403312$$
$$A_6 \fallingdotseq 3.1412773$$
$$A_7 \fallingdotseq 3.1415138.$$

実際は，

$$\pi = 3.1415926535\cdots$$

である．(上の表記の最後の $\cdots$ は π の小数による近似で，これ以上の桁数のものでも小数点以下第10桁まではこれと一致することを示す習慣的記法である．)

§6 極限と函数

前節で $\sqrt{2}$ の近似値を求めるために，変数 x の有理函数

$$f(x) = \frac{x^2+2}{2x}$$

を用いて，一つの近似値 a から出発して，

$$f(a), \quad f(f(a)), \quad f(f(f(a))),$$

のように，第 n 番目が a に f を n 回適用した数となるような数の系列を考え，n を充分大きくすれば，その n 番目の数が $\sqrt{2}$ にど

こまでも近くなることを確かめた．このことを，この数の系列(普通単に'数列'という)が"$\sqrt{2}$ に収束する"あるいは，この数列の'極限'が $\sqrt{2}$ であるという．

また，π の近似値を求めるために，各自然数 n に対して半径 1 の円に内接する正 2^{n+1} 角形の一辺の長さ a_n を考え，第 n 番目の数が $2^n a_n$ であるような数列(これを数列の第 n 項という)の極限が π であることを確かめた．

上記の数列は，各自然数 n に対する数の対応

$$n \longrightarrow 2^n a_n$$

と考えれば，数から数への対応として(はじめの数が自然数の場合だけ考えているが)'函数'の一種である．

しかし，数列が思考の中に出て来るのは，対応自身を問題とするよりも，その極限を問題にする場合が多い．

'数列'という言葉の表面にとらわれて，どこかに数が一列に並んでいると思うのは誤りで，そんなものはどこにもない．自然数に対して数を対応させる一定の仕方と，それにもとづいて，自然数を次々に大きくした状況を考えようとする意図とが，思考の中に現存しているだけである．

数列を考えたとき，その数列が収束するか否か，収束すれば，どんな極限値になるかということがいつも知り得るとは限らない．手がかりとなるのは，各自然数に対する数の対応の仕方の知識だけであり，それにもとづいて，収束するとか，しないとかわかるのは，都合の好い場合である．収束は実証的に確かめられることがらではないので，収束することがわかるのは，直観的な洞察による他ないのである．場合によっては，分析的な思考を積み重ねて，はじめてそのような洞察に到達することもあるが，分析的な思考だけでわかることではない．

§6 極限と函数

　前述の半径 1 の円に内接する正 2^{n+1} 角形の一辺の長さ a_n を第 n 項とする数列が 0 に収束することは，誰でも洞察することが出来る．どんな数列でも，それが収束することがわかるときは，このような洞察が心中に起ってわかるのである．洞察の結果をのべることは出来ても，洞察自身を記述に代えることは出来ないのである．

　$\sqrt{2}$ や π のように小数で表せない数を小数で近似すること，あるいは，小数で表せる数の極限と考えることと類似した事情が函数にもあり，運動などの考察にともなって考えられる函数には，多項式で表せないものもあるが，それは多項式で近似して考えることが出来る．いいかえれば，多項式で表せるような函数の極限として考えることが出来るのである．

　例えば，変数 x の有理式

$$\frac{1}{1-x}$$

は，$|x|<1$ の範囲では，各自然数 n に対する多項式

$$1+x+x^2+\cdots+x^n$$

の系列によって，n を大きくしたときどこまでも近似することが出来る．

　実際，すべての x で，

$$(1-x)(1+x+x^2+\cdots+x^n) = 1-x^{n+1}$$

が成立しているので，この両辺を $1-x$ で割って移項すれば，

$$\frac{1}{1-x} = 1+x+x^2+\cdots+x^n+\frac{x^{n+1}}{1-x}$$

であるから，$\dfrac{1}{1-x}$ を多項式 $1+x+x^2+\cdots+x^n$ で近似するときの誤差は

$$\frac{x^{n+1}}{1-x}$$

であり,これは,$|x|<1$ のとき,n を大きくすれば限りなく小さくなることがわかる.

例えば,各自然数 n に対して一つの定数 a_n が定まっていて,正の定数 K と,$0<C<1$ となる定数 C に対して,すべての n で

$$|a_n| \leqq KC^n$$

が成立しているとすれば,第 n 項が

$$a_1+a_2+\cdots+a_n$$

となるような数列が収束することがいえる.

二つの自然数 n, m で $n<m$ となるものをとり,この数列の第 m 項と第 n 項の差をとれば,

$$a_{n+1}+a_{n+2}+\cdots+a_m$$

となるが,その絶対値は

$$KC^{n+1}+KC^{n+2}+\cdots+KC^m = KC^{n+1}(1+C+\cdots+C^{m-n-1})$$

を超えず,これはまた,どんな m に対しても,

$$\frac{KC^{n+1}}{1-C}$$

より小さい.これは,n を大きくすれば,いくらでも小さくなる数である.

第 n 項が $a_1+a_2+\cdots+a_n$ で与えられる数列の n より先のどの項も,第 n 項からの差の絶対値が $\frac{KC^{n+1}}{1-C}$ より小さい範囲にとどまっていることから,この数列が収束することがわかるのである.

今度は,一般的に,ある定数の系列,

$$a_0, a_1, a_2, \cdots, a_n, \cdots$$

から得られる,変数 x の多項式の系列で,第 $n+1$ 項が

$$a_0+a_1x+a_2x^2+\cdots+a_nx^n$$
となるものを考える．（第 1 項は a_0 で，これは x の 0 次の多項式である．） 正の定数 C, K があって，すべての $n=0, 1, 2, \cdots$ に対して，
$$|a_n| < KC^n$$
となっているとすれば，
$$|x| < \frac{1}{C}$$
となる x の範囲では，
$$|a_nx^n| < K|Cx|^n$$
で，$|Cx|<1$ であるから，前に確かめたように，この系列
$$a_0+a_1x+a_2x^2+\cdots+a_nx^n$$
は，n を大きくすれば，一定の値に限りなく近づくのである．この極限は x の値に依存するので（ただし，$|x|<\frac{1}{C}$ の範囲だけで考える），それを $f(x)$ と略記すれば，
$$x \longrightarrow f(x)$$
という函数が得られる．

この函数 $f(x)$ は，次々に次数の一つ高い項を追加して得られる多項式 $a_0+a_1x+a_2x^2+\cdots+a_nx^n$ の系列の極限となっている函数で，§4 でのべたように，変数 x から出発して，定数との加法，乗法の組合せと，極限をとるという操作とによって，対応の仕方が与えられている函数である．

特に，各 a_n を皆 1 とすれば，前にのべた通り，$|x|<1$ の範囲で，
$$1+x+x^2+\cdots+x^n$$
の極限となる函数 $f(x)$ が有理函数 $\frac{1}{1-x}$ に一致しているのである．

多項式で表せないが，多項式の極限として表せる函数の実例，指数函数，三角函数などについては，第 5 章，第 6 章でくわしくのべ

る．

　数列で，その各項が次々に数を加えてゆく形をしているものを考える場合が多いので，そのような数列のことを'級数'と呼ぶ習慣がある．そこで，級数の特別の場合，変数 x の多項式の系列で，各項が

$$a_0 + a_1 x + a_2 x^2 + \cdots + a_n x^n$$

の形をしたものを x の'冪級数'という．

　平方根をとることによって対応の与えられる函数，例えば，

$$x \longrightarrow \sqrt{1+x}$$

も，$|x|<1$ の範囲で，ある冪級数の極限として表すことが出来る．ここではその詳細についてはのべないが，これに関連して，x が充分小さいとき，$\sqrt{1+x}$ が x の二次式で近似出来ることを示そう．

　$\sqrt{1+x}$ は $x=0$ で 1 となるので，$\sqrt{1+x}$ を近似する x の二次式があるとすれば，定数 a, b によって，

$$1 + ax + bx^2$$

と書くことが出来るであろう．これの平方

$$(1+ax+bx^2)^2 = 1 + 2ax + (a^2+2b)x^2 + 2abx^3 + b^2 x^4$$

が $1+x$ に近いはずである．x が小さいときは，x^3, x^4 は非常に小さいと考えられるので，上記の四次式の値が $1+x$ に近いためには，$2a$ は 1 に近く，a^2+2b は 0 に近いことが必要である．そこで，

$$2a = 1, \quad a^2 + 2b = 0$$

となるように a, b を定めれば，

$$a = \frac{1}{2}, \quad b = -\frac{1}{8}$$

となる．

　$\sqrt{1+x}$ が $1 + \frac{1}{2}x - \frac{1}{8}x^2$ によってどの程度に近似されるかを調べ

§6 極限と函数

てみよう．

$$\sqrt{1+x}-\left(1+\frac{1}{2}x-\frac{1}{8}x^2\right)=\frac{(\sqrt{1+x})^2-\left(1+\frac{1}{2}x-\frac{1}{8}x^2\right)^2}{\sqrt{1+x}+1+\frac{1}{2}x-\frac{1}{8}x^2}$$

$$=\frac{\frac{1}{8}x^3-\frac{1}{64}x^4}{\sqrt{1+x}+1+\frac{1}{2}x-\frac{1}{8}x^2}$$

であるが，$|x|<1$ の範囲では，右辺の分母は

$$\sqrt{1+x}+1+\frac{1}{2}x-\frac{1}{8}x^2>1-\frac{1}{2}-\frac{1}{8}=\frac{3}{8}$$

で，分子の絶対値は

$$\frac{1}{8}|x|^3\left|1-\frac{1}{8}x\right|<\frac{1}{8}|x|^3\left(1+\frac{1}{8}\right)=\frac{9}{64}|x|^3$$

であるから，

$$\left|\sqrt{1+x}-\left(1+\frac{1}{2}x-\frac{1}{8}x^2\right)\right|<\frac{3}{8}|x|^3=(0.375)|x|^3$$

となることがわかる．$x=0.01$ とすれば，右辺は

$$0.000000375$$

であるから，$\sqrt{1.01}$ は，これ以内の誤差で，

$$1+\frac{1}{2}(0.01)-\frac{1}{8}(0.01)^2=1.0049875$$

で近似されることがわかる．

　第5章，第6章で示すように，函数も数と同じく，外界の状況の考察にともなって思考の中で直観的に把握されるもの，いわば，思考の中で個々に出会うものであり，それを多項式で表される函数でどこまでも近似出来ることを確かめることによって，この把握が強

められ，この出会いが確かめられるのである．

§7 二つ以上の変数の函数

§1, §2 で出て来たように，二つの数 a と b と定数との加法，乗法による組合せ

$$3a+5b,$$
$$a^2+b^2$$

などを a, b 二変数の多項式という．前の方は一次式，後の方は二次式である．a と b とを掛け合せた

$$ab$$

も，a と b との二次の多項式である．また，多項式を多項式で割った形の

$$\frac{3a+5b}{a^2+b^2}$$

などを a, b の有理式という．

a, b の多項式，有理式は，二つの数から一つの数への対応

$$a, b \longrightarrow 3a+5b,$$
$$a, b \longrightarrow a^2+b^2,$$
$$a, b \longrightarrow \frac{3a+5b}{a^2+b^2}$$

などを定めるが，これらを a, b 二変数の函数という．上記の函数は，上から順に，一次函数，二次函数，有理函数である．

三つ以上の変数の場合も同様で，三変数の多項式，有理式，および，それらによって対応の仕方が与えられる三変数の函数が考えられる．例えば，x, y, z の三つの変数に対して，

$$yz - 2x + 3xyz^2$$

は四次の多項式であり，対応

§7 二つ以上の変数の函数

$$x, y, z \longrightarrow yz - 2x + 3xyz^2$$

は三変数の四次函数である．

また一変数の函数の場合と同様に，二つ以上の変数の函数も，加減乗除の演算の組合せばかりでなく，平方根をとる等の代数的な操作や極限をとるという操作によって対応の仕方の与えられる函数も考えるのである．

二つ以上の変数の函数は，その変数の中の一つだけ残して，他を定数とみなせば，一変数の函数となる．例えば，上記の x, y, z の四次函数は，x, y を定数とみなせば，

$$z \longrightarrow -2x + yz + 3xyz^2$$

という一変数 z の二次函数となる．ここで右側の z の二次の多項式で，定数 $-2x, y, 3xy$ は，それぞれ，z の０次，１次，２次の係数になっている．

本書では主として一変数の函数を考えるが，上にのべた意味で，それが二つ以上の変数の函数を考えることの基礎となっている．

現実の状況を考察するとき，その状況に関連した変数はたくさんあるのが普通であるから，その状況の全体的な考察では，そのたくさんの変数の間の関係を考えなければならない．しかし，多くの場合，その変数をすべて同時に考えることは難かしいので，その状況を単純化し，少数の変数（特に一変数）の場合を考え，段階を追って考察を進めるのである．

二つ以上の変数の函数は，いくつかの数から一つの数への対応であるが，このいくつかの数を一組として単一の対象と考えることがある．例えば，二変数 a, b の函数

$$a, b \longrightarrow a^2 + b^2$$

において，二つの数 a,b から，"a と b との組"という単一の対象を思考の中に形成すれば，この函数は単一対象から単一対象への対応として考えられる．a と b との組というとき，a と b のどちらを先とするかという順序も考慮して考えるので，二つの数の系列という方が適当かもしれないが，これを単に組と呼び，
$$(a, b)$$
で表すことにしよう．上記の函数は，二つの数の組から一つの数への対応
$$(a, b) \longrightarrow a^2+b^2$$
と考えることが出来るのである．

また，三変数 x, y, z の函数
$$f(x, y, z), \quad g(x, y, z)$$
があるとき，これはまた変数であるから，それぞれ，u, v で表すことにすれば，x, y, z, u, v の五変数の関係は
$$\begin{cases} u = f(x, y, z) \\ v = g(x, y, z) \end{cases}$$
で与えられている．この二つの関係の組が，数の三つの組から数の二つの組への対応
$$(x, y, z) \longrightarrow (u, v)$$
を定めている．このように，三変数の函数の二つの組は，数の三つの組という単一な対象から，数の二つの組という単一な対象への"単一な"対応とみなすことが出来る．以上のことは，ただ考える様相の違いだけで実質は変らないが，この考え方が思考を単純化し，新しい展望を与えることがある．

練習問題

1. 高さ 12 cm の直方体の対角線の長さが 13 cm で，表面積が 192 cm² であるという．この直方体の底面の縦横の長さを求む．ただし縦より横の方が長いとする．（底面の縦の長さ，横の長さと，与えられた 12, 13, 192 の合計 5 個の数の間にどんな関係があるかをまず調べよ．）

2. x の有理函数 $\dfrac{1}{(x+1)^2(x-2)}$ が，適当な数 a,b,c によって，$\dfrac{a}{(x+1)^2}+\dfrac{b}{x+1}+\dfrac{c}{x-2}$ の形に書くことが出来ることを示せ．

3. 図のように A を通る水平線に垂直な線上に点 B を AB の長さが 1 となるようにとり，A から水平線と 45 度の角をなす直線 AC を引く．水平線上に点 P をとり PB と AC との交点を Q，AP の長さを x，AQ の長さを y とする．x,y を変数と考えたとき，y は x のどんな函数で表されるか．

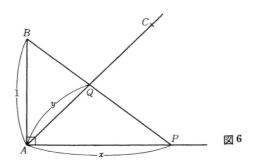

図 6

4. §5 で 2 の平方根の近似値を求めた方法を 2 の 3 乗根の近似値を求めるのに適用せよ．

5. 正数 d に対して自然数 k を $(1+d)^k d>2$ となるようにとれば，どの自然数 m に対しても，$(1+d)^{k+m}>2m$ となることを確かめ，これを用いて，$n\geqq 2k$ となるどの自然数 n に対しても $(1+d)^n>n$ となることを示せ．

6. 問 5 を用いて，x の冪級数において，その n 次の項が $1+2x+3x^2$

$+\cdots+(n+1)x^n$ となるものは，$|x|<1$ となる x に対して収束することを示せ．また，$|x|<1$ の範囲で，この冪級数の極限が $\dfrac{1}{(1-x)^2}$ となることを示せ．（ある正数 d があって，充分大きいすべての n に対して $n|x|^n<\dfrac{1}{(1+d)^n}$ となることをいえ．また，上の n 次の項に $(1-x)^2$ を乗じて見よ．）

7. x の絶対値が充分小さいとき，$\dfrac{1}{\sqrt{1+x}}$ を近似する x の二次函数で，誤差が x^3 の定数倍より小さくなるものを求めよ．（§6 で $\sqrt{1+x}$ について行ったのと同様の方法を用いよ．）

第 2 章
空間の位置を数で表すこと

　本書で解説する数学は外界の現象の数量的な考察であるから，その現象の舞台である空間を考察することが第一歩である．この章でのべる空間の位置を数で表すという考えはデカルトがはじめたものである．デカルトはまた，代数学の思考法の意味を明確にとらえた最初の人で，演算の組合せで表される数の関係と，幾何学的な位置関係との関連に目を向けたのである．

　空間の位置を数で表すといっても，異質なものと無理に関係させるということではない．数はもともと，量の概念から導かれたものであって，種々の量の中でも思考によって明確にとらえられる量は線分の長さであるから，数は本来幾何学的対象であり，空間の位置関係に対応するものが数の概念に内在しているともいえるのである．

§1　数と直線

　図1のように一本の直線を考え，その直線に矢印で示したような方向をつけておき，また単位の長さを定めておく．この直線上の一点に置かれた微小な物体をこの直線上の他の点に移す変位（位置の変化）を考えよう．理想的な状況を考えるため，この微小な物体を一点からなるものとみなし，点状の物質の意味で'質点'と呼ぶことにする．今，図1で A の位置にある質点を B の位置に変えたとき，線分 AB の長さが3.5であるとすれば，この変位を3.5という数で

表すことが出来る．この直線に与えられた向きと同じ方向に，3.5 の距離だけ変位させたという意味である．別の点 A' にある質点を B' に移す変位も，もし線分 $A'B'$ の長さが AB と同じ 3.5 であれば，同じ数 3.5 によって表す．つまり，3.5 で表されたものは，個々の変位という一事件ではなくて，"変位の型"あるいは，"位置を変化させる仕方"ともいうべきものであるが，単に'変位'と呼ぶことにしておく．

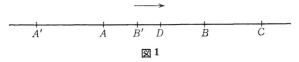

図 1

今度は B の点にある質点を A に移す変位を考えると，(B' にある質点を A' に移す変位も同じであるが)直線に定められた向きと反対の方向に変位させるので，この変位を

$$-3.5$$

で表す．

図 1 で線分 BC の長さを 2 とすれば，3.5 の変位につづいて 2 の変位をすれば，A の位置にある質点をまず B の位置に移し，ついで C の位置に移したことになり，線分 AC の長さは 5.5 であるから，3.5 の変位と 2 の変位の合成が 5.5 の変位である．また，B の位置にある質点を A に移し，ついで D に移せば，線分 AD の長さを 2 とすれば，-3.5 の変位と，2 の変位を合成したことになる．この結果えられた B の位置にある質点の変位は，線分 DB の長さが 1.5 で D は B の左側にあるので，-1.5 の変位である．もう一つの例として，A の位置にある質点を B に移し，ついで B からもとの位置 A に移せば，3.5 の変位と -3.5 の変位の合成となるが，この変位は点を動かさない変位で，言葉が少しおかしいが，これも変位の特別な場合として，数 0 に対応させるのである．

§2 平面の座標

　以上で，数と変位との対応で，数の和が変位の合成に対応していることが分る．

　今考えている直線に一点 O を定めておき，図2の点 A に対して，O にある質点を A に移す変位を表す数が a のとき，数 a を点 A に対応させる．同図の点 I は線分 OI の長さが単位の長さとなる点であるが，この I には数 1 が対応している．また，O 自身には数 0 が，O より左側にある点には負数が対応している．例えば，同図で O に関して A と対称の点 A' には $-a$ が対応するのである．

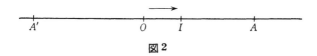

図2

　直線に，それぞれ $0, 1$ に対応する相異なる二点 O, I を定め，線分 OI の長さを単位の長さにとり，O から I への方向をこの直線の向きとすれば，直線上の各点に数が対応することになり，どんな数に対しても，それに対応する点がただ一つ定まる．このように，一つの直線に O, I 二点を定めて，直線上の点に数を対応させることをこの直線に座標を定めるといい，O をこの座標の原点という．また，座標を定めた直線上の点 A に対応する数のことを点 A の座標という．

§2　平面の座標

　平面の上でも，直線上と同様に変位を考えることが出来る．図3の点 A にある質点を点 B に移す変位は，線分 $A'B'$ の長さが線分 AB の長さに等しく，直線 $A'B'$ が直線 AB と平行であり，A から B への向き(図で矢印で示してある)が A' から B' への向きと対応

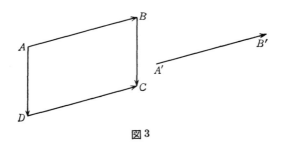

図3

しているとき，A' にある質点を B' に移す変位と同じものであると考えるのである．つまり，ここで'変位'というのは，質点をどの方角に，どれだけ移すかを表していて，出発点がどこであるかに関らないのである．また，A から B に移す変位と，B から C に移す変位の合成は，A から C に移す変位であるが，点 D を同図のように，AD と BC が同じ向きで平行で長さが等しいようにとれば，四辺形 $ABCD$ は平行四辺形となるので，DC は AB と同じ向きで長さが等しくなるから，図3でわかる通り，二つの変位を合成するとき，その順序をとりかえても結果は同じ変位になることがわかる．

図4のように平面に互いに直交する二本の直線を定め，その交点を O とし，各直線上に O と異なる点 I, I' を OI の長さが OI' の長さに等しいようにとれば，この二本の直線のおのおのに座標が定まり，この二本の直線と平行な方向，すなわち，同図でいえば，水平方向と垂直方向への変位がそれぞれ数で表すことが出来る．この平面の中の変位はすべて，水平方向の変位と垂直方向の変位との合成となっていて，しかも，その水平，垂直の両方向の変位は一意的に定まるので，平面の中の変位を二つの数の組(順序を考えた組)で表すことが出来る．例えば，O にある質点を同図の点 P に移す変位は，P から二直線に垂線を下した足を Q, R とし，Q の水平線で

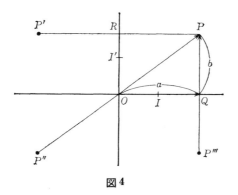

図4

の座標を a, R の垂直線での座標を b とすれば，水平方向への a の変位と垂直方向への b の変位の合成になっている．したがって O にある質点を P に移す変位は，二つの数の組

$$(a, b)$$

で表されるのである．

このことから，直線の場合と同様に，平面の点 P 自身を，数の組 (a, b) で表すことが出来る．このように，平面上の各点に数の組を対応させることを平面に座標を定めるという．これは，平面の互いに異なる三点 O, I, I' で OI と OI' が直交して長さが等しいようなものを指定することによって定まる．O をこの座標の原点といい，点 P が (a, b) で表されるとき，この (a, b)，または a, b の各々を点 P の座標という．また，OI, OI' で定まる二本の直線のことを座標軸という．

図4で，P の座標 (a, b) の a と b は共に正であり，点 Q，点 R の座標はそれぞれ $(a, 0), (0, b)$ であり，点 O，点 I，点 I' の座標は，それぞれ $(0, 0), (1, 0), (0, 1)$ である．また，直線 OI' に関して P の鏡像の位置にある点 P' の座標は $(-a, b)$，直線 OI に関して P の鏡像の位置にある点 P''' の座標は $(a, -b)$，直線 OP で P と反対

側で O から P と同じ距離にある点 P'' の座標は $(-a, -b)$ である.

図4で，線分 OP の長さを考えると，直角三角形 OQP で直角の頂点 Q をはさむ辺 OQ, PQ の長さが，それぞれ，a, b であるから，ピタゴラスの定理によって，

$$a^2 + b^2 = OP \text{ の長さの平方}$$

となる．したがって，線分 OP の長さは，P の座標 a, b によって，a^2+b^2 の平方根

$$\sqrt{a^2+b^2}$$

で表すことが出来る．

このことから，一般に点 (a, b)（座標 (a, b) で表される点の略称）と点 (a', b') の間の距離（この二点を結んだ線分の長さ）は

$$\sqrt{(a-a')^2 + (b-b')^2}$$

で表されることになる．実際，図5で示したように，数の組 $(-a', -b')$ で表される変位によって，点 (a, b) にある質点は点 $(a-a', b-b')$ に移り，点 (a', b') にある質点は，点 $(0, 0)$，すなわち，原点 O に移るので，四点 $(a, b), (a', b'), O, (a-a', b-b')$ は平行四辺形となり，点 (a, b) と点 (a', b') との距離は原点 O と点 $(a-a', b-b')$ との距離に等しいからである．

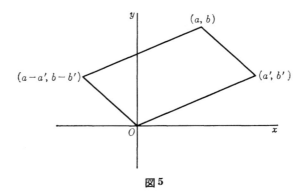

図5

§3 二つの数の間の関係と平面曲線

平面に座標を定めたとき，原点を中心とする半径 1 の円の上にある点の座標 (x, y) は，$(0, 0)$ の点からの距離が 1 の点であるから，
$$x^2 + y^2 = 1$$
という関係を満足している．

一般に，二つの変数 x と y との関係は，x, y の二変数の函数 $F(x, y)$ を用いて，
$$F(x, y) = 0$$
の形に書けるが (上記の $x^2+y^2=1$ のときは，$F(x, y) = x^2+y^2-1$)，この関係を満足する数の組 (x, y) を座標に持つ点をつらねると，平面上の一つの曲線になっている．この曲線のことを，x と y の関係 $F(x, y) = 0$ に対応する曲線と呼ぶことにしよう．

図 6 から明らかなように $F(x, y) = 0$ に対応する曲線を，二つの数の組 (a, b) で表される変位によって，一斉に移して出来た曲線 (曲線上の各点を同じ変位 (a, b) で移した点からなる曲線) は，関係
$$F(x-a, y-b) = 0$$
に対応している．

x, y の二変数の函数の中で最も簡単なものは，a, b, c を定数とす

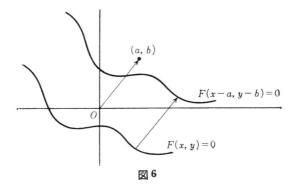

図 6

る，x, y の一次函数 $ax+by+c$ である．この一次函数による，
$$ax+by+c = 0$$
という関係に対応する曲線は直線であり，原点と点 (a, b) を結ぶ直線に直交している．そのことを示そう．$ax+by+c=0$ を x, y の関係として考えているのであるから，a と b の少なくとも一方は 0 でないとしている．例えば，$b \neq 0$ とすれば，
$$ax+by = ax+b\left(y-\frac{c}{b}\right)+c$$
であるから，
$$ax+by = 0$$
に対応する曲線は，$ax+by+c=0$ に対応する曲線を $\left(0, -\dfrac{c}{b}\right)$ で表される変位によって移したもの（すなわち，垂直方向に $-\dfrac{c}{b}$ だけ動かしたもの）であるから，
$$ax+by = 0$$
に対応する曲線が原点から点 (a, b) への方向に直交する直線になることをいえばよい．それには図7のように，原点 O と点 (a, b) と点 (x, y) とで出来る三角形の頂点 O の角が直角であるという (x, y) の条件が，$ax+by=0$ という条件と同じであることを示せばよい．それは次のようにしてわかる．まず，a, b, x, y がどんな数でも，常に，
$$-2ax-2by = (x-a)^2+(y-b)^2-x^2-y^2-a^2-b^2$$
が成り立つから，$ax+by=0$ をこれによって書きかえれば，
$$(a^2+b^2)+(x^2+y^2) = (x-a)^2+(y-b)^2$$
となり，これは $O, (a, b), (x, y)$ で出来る三角形が直角三角形であることを示している．

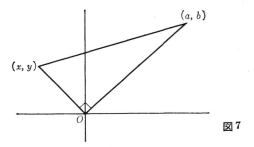

図7

x と y との二次式で表される関係，すなわち，x, y の二次多項式 $F(x, y)$ に対して，
$$F(x, y) = 0$$
の形に表せる関係に対応する曲線を'二次曲線'という．

この節の冒頭の $x^2+y^2=1$ の関係に対応する円も二次曲線の一つである．座標が (a, b) の点を中心とした半径 r の円は x, y の二次の関係
$$(x-a)^2 + (y-b)^2 = r^2$$
に対応している．このことは，点 (a, b) と点 (x, y) との距離の平方が左辺で表されることからわかる．

円を，ある方向に一定の比率で引き伸ばして出来る曲線も，二次曲線の一種で'楕円'(または長円)と呼ばれる．

原点を中心とする半径 b の円は x, y の関係
$$x^2+y^2 = b^2$$
に対応している．図8のように，その円周上の点 P から垂直軸に下した垂線の足を Q とし，線分 QP の延長上に点 R をとり，定数 $a>b$ に対して，

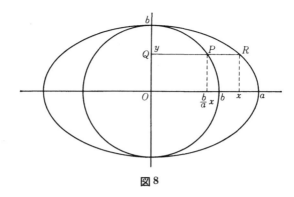

図 8

$$\frac{QR \text{ の長さ}}{QP \text{ の長さ}} = \frac{a}{b}$$

となるようにする．P を円周上を動かしたとき，対応する点 R の描く曲線が求めるものである．点 R の座標を (x, y) とすれば，点 P の座標は，上の関係から，

$$\left(\frac{b}{a}x, y\right)$$

となり，これが O を中心とする半径 b の円周上にあるから，

$$\frac{b^2}{a^2}x^2 + y^2 = b^2$$

が成立し，この二次の関係が円を引き伸ばした曲線上の点の座標 (x, y) が満足する関係である．この両辺を b^2 で割れば，

$$\frac{x^2}{a^2} + \frac{y^2}{b^2} = 1$$

の形に書ける．これが今考えている楕円を表す関係である．

　図 9，および図 10 は，それぞれ，

$$xy = 1$$
$$y - x^2 + 2x + 1 = 0$$

に対応する二次曲線を示したものである．前者は二つの部分に分れ

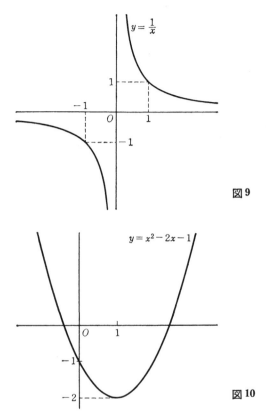

図9

図10

ているが,このような形の二次曲線を'双曲線'という.後者は一つづきの曲線であるが,楕円のように閉じていない.(その曲線の一点から出発して一方向に曲線上を動く質点が出発点にもどって来るとき,その曲線は閉じた曲線という.)この形の二次曲線を'放物線'という.

二次曲線はすべてこの三種類の型のどれかに属するが,同種のものでも形状の違いがいろいろありうる.例えば上にのべた

$$\frac{x^2}{a^2}+\frac{y^2}{b^2}=1$$

に対応する楕円は，b に比して a が大きいほど，細長い形となる．

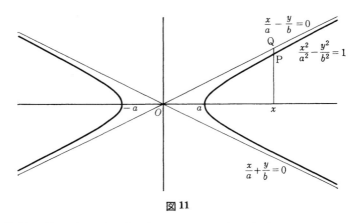

図 11

放物線は第3章で物を投げたときの運動の軌道になることが示され，第7章では，惑星の運動の軌道が楕円になることをのべる．

また
$$\frac{x^2}{a^2}-\frac{y^2}{b^2}=1$$

に対応する二次曲線は図11で示した双曲線である．この曲線の二つの曲線の遠方の方は，$\frac{x}{a}-\frac{y}{b}=0$ と $\frac{x}{a}+\frac{y}{b}=0$ に対応する原点を通る二本の直線に限りなく近づいてゆくのである．

実際，x を正の大きな値とし，P, Q をそれぞれ，双曲線上(上方の部分)，および $\frac{x}{a}-\frac{y}{b}=0$ に対応する直線上の点で水平座標が x のものとすると，その垂直座標の差は，

$$PQ \text{ の長さ} = b\left(\frac{x}{a}-\sqrt{\frac{x^2}{a^2}-1}\right) = \frac{b\left(\frac{x}{a}+\sqrt{\frac{x^2}{a^2}-1}\right)\left(\frac{x}{a}-\sqrt{\frac{x^2}{a^2}-1}\right)}{\frac{x}{a}+\sqrt{\frac{x^2}{a^2}-1}}$$

§3 二つの数の間の関係と平面曲線

$$= \frac{b}{\dfrac{x}{a}+\sqrt{\dfrac{x^2}{a^2}-1}} < \frac{ab}{x}$$

となり，x を大きくすれば限りなく小さくなることがわかる．

x の函数 $f(x)$ に対して，(x, y) の関係
$$y = f(x)$$
（これは，x, y 二変数の函数 $y-f(x)$ が 0 に等しいという関係である）に対応する曲線を一変数の函数 $f(x)$ の'グラフ'という．

$f(x)$ が一次函数のときは，$y-f(x)$ は x, y 二変数の一次函数であるから，すでに確かめたように，$f(x)$ のグラフは直線になる．例えば，
$$y = -1 + 2x$$
のグラフは，x, y の関係
$$2x - y - 1 = 0$$
に対応するものであるから，図 12 で示すように原点 $(0, 0)$ と点

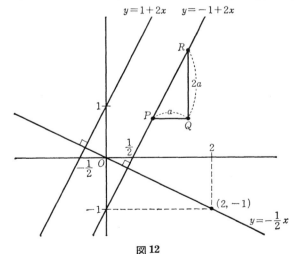

図 12

$(2, -1)$ を結ぶ直線に直交し，$x=0$ のとき $y=-1$ であるから，点 $(0, -1)$ を通る直線となる．

この一次函数 $-1+2x$ における，x の係数 2 はこのグラフの直線の'勾配'を表している．すなわち，同図のように，この直線上に一点 P をとり，P から水平方向に a だけ進んだ点を Q とし，Q を通る垂直線と，グラフの直線との交点を R とすれば，線分 QR の長さが $2a$ に等しい．いいかえると，x の値が a だけ増すとき，y の値が $2a$ 増すのである．一次函数
$$y = 1+2x$$
のグラフは，勾配が前のものと等しいので，それと平行な直線である．今度は $x=0$ のとき $y=1$ となるから，$(0, 1)$ の点を通る直線である．

一方，原点と点 $(2, -1)$ を結ぶ直線は一次函数
$$y = -\frac{1}{2}x$$
のグラフで，その勾配は負の値，$-\frac{1}{2}$ であるから，右下りの直線になっている．

前の図 9，図 10 は，それぞれ，函数
$$y = \frac{1}{x},$$
$$y = x^2 - 2x - 1$$
のグラフである．

また，図 13，図 14 は，それぞれ，平方根を用いて得られる函数
$$y = \sqrt{1+x},$$
$$y = \sqrt{1-x^2}$$
のグラフである．

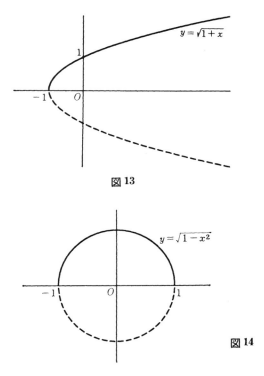

図 13

図 14

上記の函数関係は，その両辺の平方をとれば，それぞれ
$$y^2 = 1+x,$$
$$x^2+y^2 = 1$$
となり，この関係に対応する曲線は各グラフの曲線に点線で描いた部分をつぎ足した曲線となっている．図14の方は前に出てきた円であるが，図13の方は放物線である．この関係 $y^2=1+x$ は x が y の函数であるという関係
$$x = -1+y^2$$
であり，x と y との役割をかえれば（今まで，水平座標の方を x として考えたのは通常の習慣に従ったのであるが，どちらでもよいの

である），二次函数のグラフとして，図10に示した
$$y = x^2 - 2x - 1$$
のグラフと同様に放物線(ただし横にたおれている)となるのである．

図13，図14での点線の部分だけの曲線は，それぞれ，
$$y = -\sqrt{1+x}$$
$$y = -\sqrt{1-x^2}$$
のグラフであることも明らかであろう．

前に直線や円が紙の上に描かれたものは，思考の中だけにある"ほんとうの"直線や円を指示するものにすぎないことをのべたが，xとyとの関係に対応する曲線，その特別な場合の，函数のグラフの曲線についても同じことである．また紙の上に描く場合でも，直線や円の場合には，定規，コンパスという器具を用いることが出来るが，一般には，その曲線上の点をなるべく多く紙の上に記して，それをつないで曲線の概形を描くことしか出来ない．しかし，変数xの函数$f(x)$の値がxの値の変化に応じてどのように変るかを概観するのに，$f(x)$のグラフの概形を描いて見ることが役立つのである．

§4 空間の座標

空間の中でも，直線や平面の中と同様に，変位と変位の合成を考えることが出来る．§2の図3を空間の中のことと思えば，§2のはじめにのべたことはそのまま空間にもあてはまるから，繰り返すことは省略する．

空間の場合は，変位を順序付けられた三つの数の組で表すことが出来ることを示そう．まず空間に三本の直線を，どの二つも直交し，一点Oで交わるように定める．その上で各直線上にOと異なる点

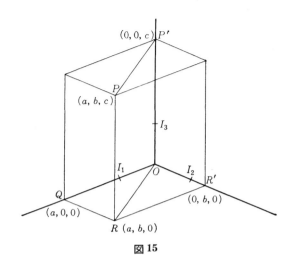

図 15

I_1, I_2, I_3 をそれぞれ O から等距離にとる．図 15 はそれを示したものである．この図を立体的に見るために，OI_1I_2 で定まる平面を部屋の床と考え，OI_1I_3，および OI_2I_3 で定まる平面を二つの壁と考え，部屋の中から部屋の隅の点 O を見ていると想像しよう．部屋の中の中空に浮いている点 P に対して，O から P への変位 (O にある質点を P に移す変位のこと) を，O を通る三直線の方向の変位，すなわち，OI_1 方向，OI_2 方向，OI_3 方向の変位の合成として表すことを考える．P から OI_1I_2 平面に下した垂線の足を R，R から直線 OI_1 に下した垂線の足を Q とすれば (このとき，P から直線 OI_1 に下した垂線の足が Q である)，O から P への変位は O から Q，Q から R，R から P の三つの変位の合成である．O から Q への変位は，OI_1 方向の変位として，直線 OI_1 に O と I_1 で定めた座標によって数 a で表される．つまり，O から Q への変位は "OI_1 方向への a の変位" である．同様に Q から R への変位は，R から直線 OI_2 に下した垂線の足を R' とし，この直線の中で OI_2 で定まる座標で

の R' の座標を b とすれば，O から R' への変位と同じものであるから，"OI_2 方向への b の変位" である．最後に，P から直線 OI_3 に下した垂線の足を P' とし，O, I_3 で定まるこの直線の座標による P' の座標を c とすれば，R から P への変位は，O から P' への変位に等しいので，"OI_3 方向への c の変位" である．

　以上で，O から P への変位は OI_1 方向への a の変位，OI_2 方向への b の変位，OI_3 方向への c の変位という三つの変位の合成になっていることがわかった．そこで，この変位を三つの数の組
$$(a, b, c)$$
で表すことが出来るのである．

　このことから，平面の場合と同様に，空間の点 P 自身をこの数の組 (a, b, c) で表すことが出来る．このように，空間の点を三つの数の組で表すようにすることを，空間に座標を定めるといい，O をその座標の原点，三本の直線 OI_1, OI_2, OI_3 を座標軸という．また点 P を表す三つの数の組 (a, b, c)，あるいは個々の a, b, c を点 P の座標という．空間の座標は四点 O, I_1, I_2, I_3 で，OI_1, OI_2, OI_3 が互いにどの二つも直交し，OI_1, OI_2, OI_3 の長さがみな等しいようなものによって定まるのである．なお Q, R, R', P' の座標はそれぞれ図 15 で示した通りであり，O, I_1, I_2, I_3 の座標はそれぞれ $(0, 0, 0), (1, 0, 0), (0, 1, 0), (0, 0, 1)$ である．

　図 15 の O と P との距離は
$$\sqrt{a^2+b^2+c^2}$$
で表される．それはまず，直角三角形 OQR にピタゴラスの定理を適用すれば，線分 OR の長さが
$$\sqrt{a^2+b^2}$$
であることがわかる．次に直角三角形 ORP (頂点 R における角が直角) に同じ定理を適用すれば，線分 RP の長さは OP' の長さ c に

等しいので，線分 OP の長さは
$$\sqrt{(\sqrt{a^2+b^2})^2+c^2} = \sqrt{a^2+b^2+c^2}$$
となるのである．

このことから，平面の場合と同様の考え方によって，座標が (a, b, c) の点と座標が (a', b', c') の点の間の距離は
$$\sqrt{(a-a')^2+(b-b')^2+(c-c')^2}$$
で表されることがわかる．

§5　三つの数の間の関係と曲面

座標を定めた空間の中で，原点を中心とする半径1の球面上の点の座標を (x, y, z) とすれば，この x, y, z の間には，
$$x^2+y^2+z^2 = 1$$
すなわち $x^2+y^2+z^2-1=0$ の関係がある．

一般に，三つの変数 x, y, z の間の関係は，x, y, z 三変数の函数 $F(x, y, z)$ によって，
$$F(x, y, z) = 0$$
の形に書くことが出来るが，この関係を満足する x, y, z を座標とする点をつらねると一つの曲面が出来る．"点をつらねる"というのは妙な表現であるが，とにかく，一つの曲面があって，その曲面上の点の座標 x, y, z は $F(x, y, z)=0$ を満足し，逆に，この関係を満足する x, y, z を座標とする点はこの曲面上にある．このような曲面を $F(x, y, z)=0$ の関係に対応する曲面と呼ぶことにしよう．これは，x, y 二変数の関係に対応する平面内の曲線を考えることに相当している．また，定数 a, b, c に対して，
$$F(x-a, y-b, z-c) = 0$$
に対応する曲面は，$F(x, y, z)=0$ に対応する曲面上の各点を (a, b, c) に対応する変位によって移した曲面になることも，前にのべた平面

での状況と同様である．

　平面の中で，座標を表す数の間の一次の関係が直線に対応したように，空間では，$F(x,y,z)$ が x,y,z の一次式のとき，$F(x,y,z)=0$ に対応する曲面は平面になることを確かめよう．
　a,b,c,d を四つの定数として，x,y,z の関係を
$$ax+by+cz+d=0$$
とする．a,b,c が全部 0 という場合は除外して考えているので，例えば $c\neq 0$ とすれば，この関係に対応する曲面を $\left(0,0,\dfrac{d}{c}\right)$ で表される変位によって移した曲面は，関係
$$ax+by+cz=0$$
に対応しているので，この場合について考えれば充分である．（つまり $d=0$ の場合を考えることになる．）この関係に対応する曲面は原点 $(0,0,0)$ を通る．この曲面が原点と点 (a,b,c) を結んだ直線に直交する平面になることを示そう．
　x,y,z がどんな値でも，常に，
$$(a-x)^2+(b-y)^2+(c-z)^2=(a^2+b^2+c^2)+(x^2+y^2+z^2)-2(ax+by+cz)$$
が成立するので，x,y,z についての条件
$$ax+by+cz=0$$
は条件
$$(a-x)^2+(b-y)^2+(c-z)^2=(a^2+b^2+c^2)+(x^2+y^2+z^2)$$
と同等である．これは，ピタゴラスの定理によって図 16 で示すように，原点と，点 (a,b,c)，点 (x,y,z) で出来る三角形が直角三角形であるという条件である．このことから，$ax+by+cz=0$ に対応する曲面が上にのべたような平面になることがわかる．

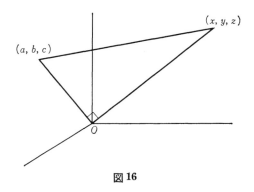

図 16

$F(x, y, z)$ が x, y, z の二次式であるとき，
$$F(x, y, z) = 0$$
に対応する曲面を'二次曲面'という．図 15 における三本の座標軸，OI_1, OI_2, OI_3 の中の二本，OI_1 と OI_2 で定まる平面 OI_1I_2 とこの曲面との交りを考えると，x, y が
$$F(x, y, 0) = 0$$
を満足するような点 $(x, y, 0)$ から成っている．したがって，この交りは平面 OI_1I_2 の中で O, I_1, I_2 で定まる座標を定めたとき，x, y の二次の関係 $F(x, y, 0) = 0$ に対応する二次曲線になっている．

例えば，はじめにのべた $x^2+y^2+z^2=1$ の関係に対応する球面は二次曲面の特別の場合である．この球面と平面 OI_1I_2 との交りは $x^2+y^2=1$ の関係に対応する円になっている．

二次曲面にはいろいろの型があるが，一直線を軸として，その直線上の一点 P で交わる他の一直線を回転して出来る曲面もその一つであることを示そう．この曲面は P を頂点とする'円錐'といわれ，回転する直線をこの円錐の'母線'という．（普通に円錐と呼ばれるものを，P の両側に無限にのばしたものを考えている．）

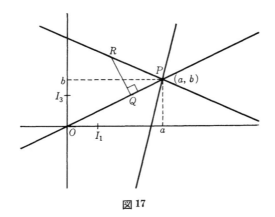

図 17

　座標を定めた空間の中で，正数 a, b に対する，点 $(a, 0, b)$ を頂点 P とする円錐を考え，それが二次曲面になることを確かめよう．図 17 の図の面は平面 OI_1I_3 を表していて，点 P はこの平面の中にある．この平面の中で，O, I_1, I_3 で定められる座標によって P の座標は (a, b) になっている．

　ここで直線 OP を軸とし，P を通る一直線 PR を母線とする円錐を考える．この円錐上の一点の座標を (x, y, z) とし，今，この x, y, z を定数としておく．この点 (x, y, z) を通って直線 OP に直交する平面上の点を (X, Y, Z) とすれば，前にのべたように，X, Y, Z の間には定数 c による一次の関係

$$aX + bZ + c = 0$$

が成立している．（原点と $(a, 0, b)$ を結んだ直線に直交する平面であるから．）この平面で，点 (x, y, z) を通るものは，c が

$$ax + bz + c = 0$$

を満足する場合，すなわち，

$$c = -ax - bz$$

の場合である．したがって，この平面は X, Y, Z の関係

§5 三つの数の間の関係と曲面

$$aX+bZ-ax-bz = 0$$

に対応している.

この平面と軸 OP の交点を Q, 母線との交点を R とする. 点 Q の平面 OI_1I_3 における座標は, ある定数 t によって,

$$(at, bt)$$

と書け, そのとき空間での Q の座標は,

$$(at, 0, bt)$$

である. この点が上記の平面上にあるのは

$$a(at)+b(bt)-ax-bz = 0$$

のときであるから,

$$t = \frac{ax+bz}{a^2+b^2}$$

となり, Q の空間での座標が

$$\left(\frac{a}{a^2+b^2}(ax+bz),\ 0,\ \frac{b}{a^2+b^2}(ax+bz)\right)$$

であることがわかった. したがって,

$$PQ \text{ の長さの平方} = \left(\frac{a}{a^2+b^2}(ax+bz)-a\right)^2 + \left(\frac{b}{a^2+b^2}(ax+bz)-b\right)^2$$

$$= \frac{(ax+bz)^2}{a^2+b^2} - 2(ax+bz) + a^2+b^2$$

となる. 一方, Q と点 (x, y, z) との距離の平方

$$\left(\frac{a}{a^2+b^2}(ax+bz)-x\right)^2 + y^2 + \left(\frac{b}{a^2+b^2}(ax+bz)-z\right)^2$$

$$= \frac{(ax+bz)^2}{a^2+b^2} - \frac{2(ax+bz)^2}{a^2+b^2} + x^2+y^2+z^2$$

$$= -\frac{(ax+bz)^2}{a^2+b^2} + x^2+y^2+z^2$$

は QR の長さの平方に等しいが, Q が OP 上のどこにあっても, あ

る定数 $K>0$ に対して,
$$\frac{QR \text{の長さ}}{PQ \text{の長さ}} = K$$
となるから,
$$x^2+y^2+z^2-\frac{(ax+bz)^2}{a^2+b^2} = K^2\left\{\frac{(ax+bz)^2}{a^2+b^2}-2(ax+bz)+a^2+b^2\right\}$$
の関係が得られる．ここで x,y,z を変数とみなせば，x,y,z についてのこの二次の関係に対応する曲面が今考えている円錐であることがわかる．

この関係で，$z=0$ とすれば，x,y の関係
$$x^2+y^2-\frac{a^2x^2}{a^2+b^2} = K^2\left(\frac{a^2x^2}{a^2+b^2}-2ax+a^2+b^2\right)$$
となり，これを整理して書き直せば，
$$(1) \qquad \frac{(b^2-K^2a^2)}{a^2+b^2}x^2+2ax+y^2 = K^2(a^2+b^2)$$
となる．この関係に対応する OI_1I_2 の中の二次曲線が円錐と平面 OI_1I_2 の交りである．

この二次曲線は(1)の関係の左辺の x^2 の係数が正か0か負であるかによって，すなわち，
$$K<\frac{b}{a}, \quad K=\frac{b}{a}, \quad K>\frac{b}{a}$$
によって異なる型となる．図17では母線 PR が水平軸に対して左上りになっているから，$K>\dfrac{b}{a}$ の場合であり，円錐の頂点 P の両側の部分がともに平面 OI_1I_2 と交わる．したがって曲線は二つの部分に分れ，双曲線になる．ちょうど $K=\dfrac{b}{a}$ となるのは直線 PR が OI_1 軸に平行になる場合である．このときの x,y の関係は，(1)から，
$$2ax+y^2 = K^2(a^2+b^2)$$

となり，x が y の二次函数となる関係であるから，§3 でのべたように，放物線となる．最後に，$K < \dfrac{b}{a}$ のときは，図 18 のようになる場合で，楕円となることが図からわかるであろう．

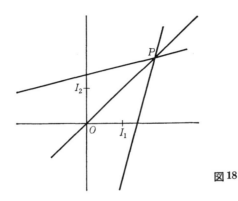

図 18

円錐の切口として各種の二次曲線が得られることを立体的に示したのが図 19 である．

以上のことから予想出来るように，実は平面上のどんな二次曲線も，その平面と適当な円錐との交線となっている．それで，二次曲線のことを'円錐曲線'ともいう．これは，ギリシア時代にアポロニウス (Apollonius, B.C. 200 頃) によって幾何学的に研究されていたものである．

座標を定めた空間の中において，点の座標 x, y, z の間の関係の特別の場合として，x, y, z の中の一つ，例えば z が，他の二つ，x, y の二変数の函数 $f(x, y)$ となっているという関係
$$z = f(x, y)$$
がある．この関係に対応する曲面のことをこの二変数函数 $f(x, y)$ のグラフという．

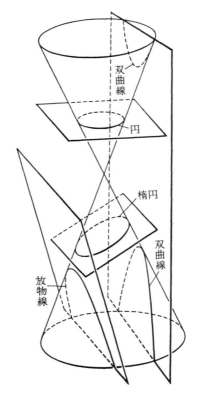

図19

　OI_1I_2 平面の中の (x,y) を座標に持つ点から，この平面に垂直な直線を引き，$f(x,y)$ のグラフである曲面との交点までの距離（OI_3 の方向と一致すれば正，逆ならば負と考える）が $f(x,y)$ の値となっている．一変数の函数の場合と同様に，この曲面の概形を知ることが $(x,y) \to f(x,y)$ の対応の仕方を知るのに役立つ．しかし，曲面を紙の上に描くことが出来ないので，一変数の函数のグラフにくらべて，利用価値が少ないものである．

　$f(x,y)$ が x,y の一次函数のときは，グラフは平面となり，$f(x,y)$ が x,y の二次函数のとき，グラフは二次曲面の特別な場合となる．

また，
$$z = \sqrt{1-x^2-y^2}$$
の場合は，そのグラフは原点を中心とする半径1の球面の上半分（この球面は平面 OI_1I_2 で二つの部分に分けられるが，この平面を水平面とし，OI_3 の方向を上と考える）になっている．残りの下半分は
$$z = -\sqrt{1-x^2-y^2}$$
のグラフである．

練習問題

1. (i) 一つの直線上に，座標の定め方を二つ考えたとき，同一点の座標がそれぞれ x, y とすれば，y は x の一次函数であることを示せ．

(ii) 一つの平面に二つの直線 L, M があり，L, M にはそれぞれ座標が定められているとする．この平面内の他の直線 N が L とも M とも交わるとする．L の上に点 P をとり，P を通る N に平行な直線が M と交わる点を Q とする．P の L での座標を x，Q の M での座標を y とすれば，y は x の一次函数になることを示せ．

2. (i) 座標を定めた平面に，水平軸と平行でない直線 L がある．座標 (x, y) の点 P を通って L に平行な直線をひき，水平軸との交点を Q とすれば，ある定数 c があって，Q の座標は $(x+cy, 0)$ となることを示せ．

(ii) (i) の平面と直線 L の他に，L と交わる直線 M があり，座標 (x, y) の点 P を通る L と平行な直線が M と交わる点を R とする．直線 M に座標を定めたとき，R の座標は x と y との二変数の一次式になることを示せ．((i) と，問1の (ii) を用いよ．)

(iii) 平面に二種の座標，すなわち O, I_1, I_2 で定められるものと，O', I_1', I_2' で定められるものとが与えられたとする．(O, I_1, I_2 で定められた座標で，O, I_1, I_2 の座標がそれぞれ $(0,0), (1,0), (0,1)$ である．) 一点 P の (O, I_1, I_2) 座標を (x, y)，(O', I_1', I_2') 座標を (x', y') とするとき，x', y' はそ

れぞれ x と y との二変数の一次式で表せることを示せ．(直線 $O'I_1', O'I_2'$ を交互に L, M として (ii) を適用せよ．)

3. 座標を定めた平面で原点 O と異なる点 A の座標を (a, b) とする．座標 (x, y) の点 P から直線 OA に下した垂線の足を Q としたとき，線分 OQ，および線分 PQ の長さを，a, b, x, y で表せ．(直線 OA に，O を原点とし，O から A への方向を正の方向とし，O からの距離を座標とするような座標を定めたとき，点 Q の座標は，問 2(ii) によって，x と y の一次式である．P をいろいろ特別な点にとって，その一次式の係数を定めよ．)

4. 座標を定めた平面の座標 $(x_1, y_1), (x_2, y_2), (x_3, y_3)$ の三点で出来る三角形の面積は

$$\frac{1}{2} \left| (x_1 - x_3)(y_2 - y_3) - (x_2 - x_3)(y_1 - y_3) \right|$$

で表せることを示せ．

5. 座標を定めた平面で $\dfrac{x^2}{a^2} + \dfrac{y^2}{b^2} = 1$ に対応する楕円を考える．($a > b > 0$ とする．) 図 20 のように，水平線上の点で，点 $(0, b)$ からの距離が a となる点 F, F' をこの楕円の焦点という．楕円の周上の座標 (x, y) の点 P と F, F' との距離の和がどの点 P に対しても一定であることを示せ．

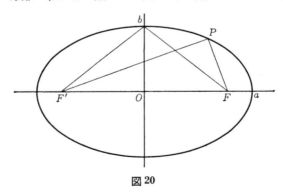

図 20

6. 図 21 のように，座標を定めた平面の座標 $(0, a)$ $(a > 0)$ の点を F とする．

(i) $k > 0$ を定数として，水平軸の上方にある点 P から水平軸に下した

垂線の足を Q としたとき，
$$PF\text{ の長さ} = k \cdot (PQ \text{ の長さ})$$
となるような点 P は，ある二次曲線上にあることを示せ．

(ii) k がどんな値のときに，この二次曲線が楕円，放物線，双曲線になるか．

(iii) この二次曲線が楕円になるとき，F はその焦点になることを示せ．

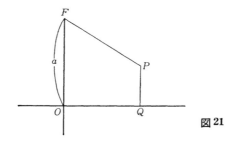

図 21

第3章
落体の運動

　運動を数量的に考察するということは，運動する物体の空間で占める位置を表す数と時刻を表す数の間にどんな関係があるかを調べることである．物体を数多くの微小な部分に分割し，その一つ一つの部分の運動を知れば，全体の運動もわかるので，微小な物体の運動を考えることが基礎となる．そこで，この章およびつづく各章では，理想的な場合を考えて，物体がただ一点からなるとみなし，質点の運動を考えることにする．

　この章では，ニュートンの考えに従って重力の作用を受けてなされる質点の運動を考察し，各瞬間における速度を考えることから，函数の微分の概念を導く．

§1　等速度運動

　物体が運動するときは，たえずその運動を継続させるような力が働いているという見解に対して，ニュートンは，外から何の力も加えないときは，物体は一直線に等速度運動をすると主張した．その物体が動き出した原因がはじめにあるとしても，以後は力が働かなくても，同じ速さの運動をつづけるというのである．そして速さや進む方向が変わる場合だけ，その原因となる力が働いていると考えたのである．

　自動車を運転しているとき，エンジンを止めれば，車は次第に遅

§1 等速度運動

くなって遂に止まってしまう．車を等速度で走らせるためには絶えず加速しなければならない．この事実は一見，ニュートン以前の見解に合っているようにみえる．しかし，車が遅くなるのは，道路と車輪の間に働く摩擦や，車が受ける空気の抵抗のためで，これらの'力'に対抗するために加速しなければならないと考えるのが，ニュートンの考え方である．この考え方は，別のいい方をすれば，物体の運動を変化させる原因である'力'は，物体の位置の変化の原因として働くのではなく，その運動の速さと方向を変化させる原因であるというのである．

ひもの一端に小石を結びつけて回転させた場合，その小石は円を描いて，その円周上をほぼ同じ速さで運動すると考えられる．この場合，速さの変化はないが運動の方向はたえず変化している．その変化の原因となっているのはひもが小石を引張る力である．

一直線上の質点の運動を考えるために，その直線に座標を定めておく．時刻を表す変数を t とし，時刻 t における質点の位置の座標を表す変数を x とする．x が t の函数 $f(t)$ によって，
$$x = f(t)$$
の関係が成立することがわかれば，運動の考察がこの函数 $f(t)$ の考察に帰着される．この場合でも，外界の実際の運動の考察から，思考の中で把握された理想的な運動について，函数 $f(t)$ が考えられているのである．

今，時刻 t とそのときの位置 x を固定して考え（しばらく，この t と x を定数とみなす），時刻が
$$t + \varDelta t$$
となったときの位置が，
$$x + \varDelta x = f(t + \varDelta t)$$

で表されたとする．ここでは，t, x は定数と考え，Δt がさまざまの値をとる場合を考慮するので Δt を変数と考え，それにともなって Δx も変数と考えるのである．Δt は"時刻の変化の分量"の略記号で，別の文字を使ってもよいが，原意を少し残した Δt を用いる習慣に従ったのである．（Δ はギリシア文字の δ（デルタ）の大文字で変化を意味する語の頭文字である．）Δx もまた"Δt に対応する位置の変化の分量"の略記である．

この Δx は，Δt の函数として，
$$\Delta x = f(t+\Delta t) - f(t)$$
となっているのである．

今この運動が等速度運動の場合を考える．時刻が Δt だけ変化したときの，位置の変化 Δx は Δt に対して一定の比率になっているから，定数 a によって，
$$\frac{\Delta x}{\Delta t} = a$$
の関係が成立している．この a がこの等速度運動の'速度'である．座標を定めた直線の正の方向に質点が進んでいる場合には，この a は正で，逆の方向に動いているときは，a は負である．$a=0$ のときは，この関係は
$$\Delta x = 0$$
となり，質点が静止している場合である．この場合も等速度運動の特別の場合と考えるのである．

速度が a の等速度運動の場合，Δx は Δt の一次函数として，
$$\Delta x = a\Delta t$$
で表されるので，
$$f(t+\Delta t) = f(t) + a\Delta t$$
となっている．特に $t=0$ とし，そのときの x の値 $f(0)$ を a_0 とお

§1 等速度運動

けば,
$$f(\Delta t) = a_0 + a\Delta t$$
となり, Δt を改めて t とおけば,
$$f(t) = a_0 + at$$
となる. $f(t)$ は t の一次函数で, この等速度運動の速度 a はこの一次函数を表す t の一次式の t の係数となっていることがわかる.

この a は, 前にのべたように, 質点の進む方向によって, 正にも負にもなる. 日常用語では'速度'と'速さ'は同義語で, 方向の概念を含まず, 常に正数で表される. しかし方向を合せ考えて正負の数で表す方が便利で, 今後その意味で'速度'の語を用い, 方向に無関係のものを'速さ'と呼ぶことにする.

つまり, この運動の'速度'は a で表され, '速さ'は $|a|$ である.

平面の中の質点の運動はその平面に座標を定めて考える. 時刻 t のときの質点の位置の座標を (x, y) とすれば, この運動は, 対応
$$t \longrightarrow (x, y)$$
を与えているが, この対応は二つの t の函数 $f(t), g(t)$ によって,
$$x = f(t),$$
$$y = g(t)$$
と表すことが出来る.

前のように, t を一つの値に固定し, t の変化量 Δt を変数とみなし, 対応する x, y の変化量をそれぞれ $\Delta x, \Delta y$ とすれば,
$$\Delta x = f(t+\Delta t) - f(t),$$
$$\Delta y = g(t+\Delta t) - g(t)$$
となる. この運動が等速度運動のときは, ある定数 a, b があって,
$$\frac{\Delta x}{\Delta t} = a, \quad \frac{\Delta y}{\Delta t} = b$$

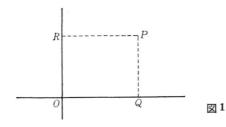

図1

となっている．図1のように，質点が P にあるとき，P から各座標軸に下した垂線の足を Q, R とすれば（この Q, R を P の各座標軸への射影という），P の変化にともなって，Q も R も変化するが，その変化がそれぞれ $f(t), g(t)$ で与えられている．これは，座標軸に垂直な方向からの光線によって生じた質点の影の運動に相当し，質点が平面上の一直線にそって等速度運動をするとき，各座標軸上の影も等速度運動をして，その速度がそれぞれ，a, b であり，$f(t)$，$g(t)$ はそれぞれ，t の係数が a, b であるような一次函数である．したがって，$t=0$ のときの x, y の値，$f(0), g(0)$ をそれぞれ a_0, b_0 とすれば，

$$x = a_0 + at$$
$$y = b_0 + bt$$

となっている．

この運動の速さと方向とを合せたものを'速度'といい，平面の中の変位と同様に，二つの数の組

$$(a, b)$$

で表す．この a, b をそれぞれ，速度の水平方向，垂直方向の'成分'という．

$t=0$ のとき，質点は (a_0, b_0) の位置にあり，$t=1$ のとき，(a_0+a, b_0+b) の位置にあるので，時間経過1の間に，質点は (a_0, b_0) と (a_0+a, b_0+b) の距離

$$\sqrt{a^2+b^2}$$
だけ進むので，これがこの運動の'速さ'である．

空間の中での質点の運動は，空間に座標を定めて，時刻 t のときの質点の位置の座標を (x,y,z) とすれば，対応
$$t \longrightarrow (x,y,z)$$
を与え，この対応は，三つの t の函数 $f(t), g(t), h(t)$ によって，
$$x = f(t)$$
$$y = g(t)$$
$$z = h(t)$$
と表すことが出来る．

特に，この運動が等速度運動の場合，平面の場合と同様に，三本の座標軸への射影による各座標軸上の運動を考える．このとき各座標軸上の運動も等速度運動であるから，$f(t), g(t), h(t)$ は皆 t の一次函数で，
$$x = a_0 + at,$$
$$y = b_0 + bt,$$
$$z = c_0 + ct$$
となっている．ここで (a_0, b_0, c_0) は $t=0$ のときの質点の位置を表し，この運動の速度は，三つの数の組
$$(a, b, c)$$
で表され，その速さは
$$\sqrt{a^2+b^2+c^2}$$
に等しい．

§2 落下する物体の運動と瞬間の速度

物を空中から落とせば，地上に到着するまでの間，時間の経過に

つれて次第に速く落下する．ガリレオ・ガリレー (Galileo Galilei, 1564-1642) は，その様子を実験によって知ろうとして，斜面をころがり落ちる球の運動を調べ，落下距離はそれに要する時間の平方に比例することを確かめた．

地上からの高さが h のところの地点から，時刻 0 の瞬間に手を放して物体を落としたとする．時刻を表す数を t，この物体を質点と考えて，その時刻における位置を地上からの高さで表した数を x とすれば，時刻が 0 から t まで経過するまでの落下距離は $h-x$ であり，これが t^2 に比例するということは，ある定数 $k>0$ によって
$$h-x = kt^2$$
となることであるから，x が t の二次函数として

(1) $$x = h - kt^2$$

と表されるのである．

ただしこの運動は物体が地面に到着する瞬間まで考えるのである．その時は $x=0$ となる時で，そのときの時刻 t の値は，(1) から，

$$h = kt^2$$

を満足するから，$t = \sqrt{\dfrac{h}{k}}$ である．したがってこの運動は

$$0 \leqq t \leqq \sqrt{\dfrac{h}{k}}$$

の範囲で考えるのである．

実際の落下する物体の運動は，主として空気の抵抗の影響によって，t の二次函数で表される運動と多少の違いがある．同じ形の物体ならば，軽いほど空気の抵抗の影響が大きい．重い物体の場合，あるいは軽い物体でも真空中で実験すれば，ほぼ t の二次函数で表

§2 落下する物体の運動と瞬間の速度

される運動をする．しかも同じ高さ h のところで落とした物体の運動はその物体の重さに関係なく，どれも，その物体の地上からの高さが，同じ定数 $k>0$ による，t の二次函数
$$h-kt^2$$
で表される．

この定数 k の 2 倍 $2k$ のことを重力の定数という．その値は，時間や長さの測り方，つまり，時間と長さの単位の定め方に依存することは当然であるが，物を落とす地球上の場所によってもわずかの違いがある．時間の単位を 1 秒，長さの単位を 1 cm とした場合の重力の定数を g で表す習慣がある．この値はほぼ 980 くらいである．空気の抵抗を無視すれば，物が落ちるとき，最初の 1 秒間にほぼ 980 の半分の 490 cm 落下し，2 秒間にはその 4 倍，ほぼ 1960 cm 落下するのである．

これから，（落体の運動の理想的な場合を考えて）質点の直線運動で，その位置の座標 x が，時刻 t の二次函数として，
$$x = h - kt^2$$
で表される運動について詳しく調べることにしよう．

物が落ちるとき，その運動は次第に速くなるということは経験によって知られているが，$x=h-kt^2$ の関係からそのことを確かめてみよう．今二つの時刻
$$t_1 < t_2$$
を考えると，この時刻の間に落ちる距離は
$$(h-kt_1^2) - (h-kt_2^2) = k(t_2^2 - t_1^2)$$
であるから，経過時間 t_2-t_1 との比は
$$\frac{k(t_2^2-t_1^2)}{t_2-t_1} = k(t_1+t_2)$$

であり，t_1, t_2 が増すにつれて増すことがわかる．

§1で等速度運動を考えたときと同様に，一つの時刻 t を固定しておき，時間の変化量を Δt とし，対応する質点の位置を表す数の変化を Δx とすれば，Δx と Δt の関係は

$$x + \Delta x = h - k(t + \Delta t)^2$$
$$= h - kt^2 - 2kt\Delta t - k(\Delta t)^2$$

で与えられ，これを $x = h - kt^2$ を用いて書き変えれば，

$$\Delta x = -2kt\Delta t - k(\Delta t)^2$$

となり，両辺を Δt で割れば，

(1) $$\frac{\Delta x}{\Delta t} = -2kt - k\Delta t$$

が得られる．

Δx は Δt だけ時間が経過する間に質点の動いた距離(上方を正の方向と考えた質点の変位)を表しているから，この比 $\frac{\Delta x}{\Delta t}$ は，大体，その時間経過中の質点の速度を表していると考えられる．'大体'といったのは，Δt だけ時間が経過する間にも，運動は次第に速くなってゆくので，等速度運動の場合のように，この比 $\frac{\Delta x}{\Delta t}$ が速度であるということが出来ないからである．$\frac{\Delta x}{\Delta t}$ は，はじめに固定する t にも，また Δt にも依存していることは，(1) で見られる通りである．しかし Δt の影響は $-k\Delta t$ という項によるので，Δt が非常に小さいときはやはり非常に小さい．したがって $\frac{\Delta x}{\Delta t}$ は，ほぼ，

$$-2kt$$

に等しいと考えられる．別の言い方をすれば Δt を限りなく小さくしたときの，$\frac{\Delta x}{\Delta t}$ の極限が $-2kt$ に等しいのである．

このことから，ニュートンは，この質点の運動の時刻 t における"瞬間の速度"というものを考えて，その値が $-2kt$ であるとしたのである．

§2 落下する物体の運動と瞬間の速度

運動する質点の位置を表す変数が x であるとき,各時刻におけるその瞬間の速度も一つの変数と考えられるが,ニュートンはそれを

$$\dot{x}$$

で表した.この記法によれば,

$$x = h - kt^2$$

のとき,

$$\dot{x} = -2kt$$

であり,x は t の二次函数であるのに対して,$\dot{x}$ の方は t の一次函数であり,落下運動の速さが時間に比例して増してゆくことを示している.

$x = h - kt^2$ で表される質点の運動は時刻 $t=a$ のときの速度が $-2ka$ である.この質点を A と呼ぶことにする.別の質点 B で,時刻 a のとき,A と同じ位置 $h-ka^2$ にあり,速度 $-2ka$ の等速度運動をするものを考える.この A, B 両質点の運動を較べてみると,時刻が a に非常に近い期間では,A, B は互いに非常に近い運動をしている.質点 B の位置は,時刻 t の一次函数として,ある定数 c によって,

$$c - 2kat$$

と表されるが,$t=a$ のときの位置が $h-ka^2$ であるから,

$$c - 2ka^2 = h - ka^2,$$

すなわち,

$$c = h + ka^2$$

となり,時刻 t における質点 B の位置は

$$h + ka^2 - 2kat$$

で表される.

一方，質点 A の位置は，時刻 t のとき，
$$h-kt^2$$
であるから，時刻 t におけるこの両質点の距離はその位置を表す数の差の絶対値
$$\begin{aligned}|h-kt^2-(h+ka^2-2kat)| &= |-kt^2+2kat-ka^2| \\ &= k|t^2-2kt+a^2| \\ &= k(t-a)^2\end{aligned}$$
に等しい．

$|t-a|$ が非常に小さいときは，$|t-a|^2$ は $|t-a|$ との比もまた非常に小さいものとなる．例えば $|t-a|$ が
$$0.0001$$
より小さければ，$|t-a|^2$ は
$$0.00000001$$
より小さくなる．このことから，$|t-a|$ が非常に小さいときは，$|t-a|^2$ は無視出来るほど小さいと考えられる．この観点からいえば，t が a に非常に近い範囲では，A, B 両質点の運動はほぼ一致しているということが出来る．いいかえれば，t の一つの値 a に非常に近い範囲では，はじめの質点 A は，ほぼ等速度運動をしているとみなされる．その等速度運動の速度が質点 A の時刻 a の瞬間の速度である．

一般に，物体の運動は，非常に短かい時間経過内では，ほぼ等速度運動とみなすことが出来る．それは，その運動する物体の位置を表す数を時刻 t の函数と考えたとき，t の微小な変化の範囲では，その函数はほぼ一次函数に等しいと考えることが出来ることに対応している．

§2 落下する物体の運動と瞬間の速度

　以上のことを直観的に理解するには，運動を表す函数のグラフの曲線と，ある時刻の近くでその函数とほぼ一致する一次函数のグラフである直線とを較べて見るのが役立つであろう．

　前の質点 A の運動を表す函数
$$h-kt^2$$
と，この運動と $t=a$ の近くでほぼ一致した運動をする質点 B の運動を表す t の一次函数
$$h+ka^2-2kat$$

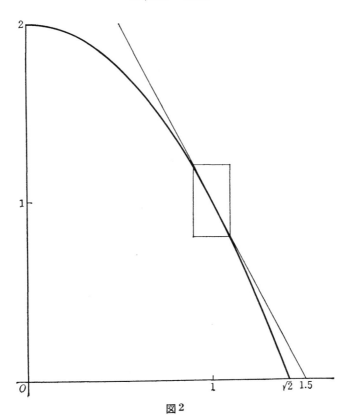

図2

とのグラフを描いたのが図2である．同図では，$h=2$, $k=1$, $a=1$ としているので，二つの函数はそれぞれ，

$$2-t^2,$$
$$3-2t$$

である．

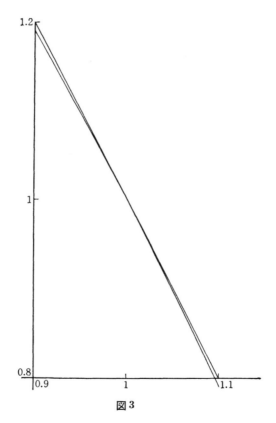

図3

このグラフは，平面に座標を定めて，それぞれ，$(t, 2-t^2)$, $(t, 3-2t)$ の座標をもつ点をつらねたもので，前者は放物線である．図2の小さい長方形の部分を拡大したものが図3である．どちらの

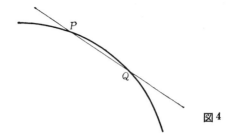

図4

図でも，二つのグラフが $t=1$ の近くで全く重なってしまうのである．（ほんとうは $t=1$ の外では $(t-1)^2$ の違いがある．）

一次函数 $3-2t$ のグラフである直線は，二次函数 $2-t^2$ のグラフである放物線に対して，その上の座標 $(1,1)$ の点での'接線'となっている．

曲線上の1点 P での'接線'とは，図4のように，曲線上に P と異なる点 Q をとり，P, Q を結んだ直線を考え，Q を限りなく P に近づけたときの直線 PQ の極限となる直線のことである．

$t=1+d$ とおけば，
$$2-t^2 = 2-(1+d)^2 = 1-2d-d^2$$
であるから，$2-t^2$ のグラフ上の点の座標は
$$(1+d, 1-2d-d^2)$$
で表され，点 $(1,1)$ からこの点への変位は
$$(d, -2d-d^2)$$
であるから，この二点を結んだ直線の勾配は
$$\frac{-2d-d^2}{d} = -2-d$$
となる．したがって，d を限りなく小さくしたときの勾配の極限は
$$-2$$
となり，$(1,1)$ を通って -2 の勾配をもつ直線として，接線が $3-2t$

のグラフになることがわかるのである．

以上をまとめれば，変数 x が変数 t の函数として
$$x = f(t)$$
の関係にあるとき，次の三つのことは同じ内容のことと考えられる．

(1) $t=a$ における t の変化量 Δt に対応する x の変化量を Δx とすれば，Δt を限りなく小さくしたとき，
$$\frac{\Delta x}{\Delta t}$$
はある一定の数に限りなく近づく．

(2) t の一つの固定した値 a の近くでは，函数 $f(t)$ はほぼ一次函数に等しいとみなされる．

(3) $x=f(t)$ のグラフの曲線上の一点 $(a, f(a))$ で，その曲線に接線を引くことが出来，その曲線のその点に近い微小な部分は，ほぼ接線の一部と一致するとみなすことが出来る．

そして，この (1), (2), (3) で，(1) の $\frac{\Delta x}{\Delta t}$ の極限，(2) の一次函数の t の係数，(3) の接線の勾配が皆等しいのである．

§3 等加速度運動

物体が落下するときの運動，例えば，前節でのべたように，時刻 t のときの質点の位置を表す数 x が，
$$x = h - kt^2$$
で表される運動では，時刻 t の瞬間の速度を表す $\dot{x}$ は
$$\dot{x} = -2kt$$
という t の一次函数で表される．

$\dot{x}$ は t における速度を表すので，位置を表す数ではないが，時刻 t の変化にともなって変化するという意味では広い意味の運動とみ

なすことが出来る．$\dot{x}$ が t の一次函数になっているので，運動ならば速度 $-2k$ の等速度運動に相当する．実際，t を固定し，t の変化量を Δt，それに対応する $\dot{x}$ の変化量を $\Delta \dot{x}$ とすれば，

$$\Delta \dot{x} = -2k \Delta t$$

の関係が成立し，

$$\frac{\Delta \dot{x}}{\Delta t} = -2k$$

で，t にも Δt にも依存しない定数である．

この $-2k$ は，$\dot{x}$ の変化する割合であり，"速度の速度"ともいうべきものであるが，ニュートンはこれを

$$\ddot{x}$$

で表し，位置が x で表される運動の時刻 t における'加速度'と呼んだ．

力が働いていないとき，物体の運動は等速度運動であり，運動を変化させる原因である'力'は，物体の位置ではなく，速度を変化させるように働くというニュートンの考えは前にのべた．そのことから，各瞬間に運動している質点に働く力は，その瞬間の加速度に比例すると考えられる．ただし同じ力の働きに対して，その影響で生ずる加速度の大きさは物体によって異なる．すなわち，力と加速度の関係を与える比例定数は物体に固有の量で，それを'質量'と呼ぶ．力を F，質点の質量を m とすれば（力の単位の定め方を適当にとれば），その質点の時刻 t における位置を表す変数 x に対して，

$$F = m\ddot{x}$$

が成立すると考えられるのである．

地球が物体に及ぼす力である重力はその物体の質量に比例している．したがって，前節でのべたように，どんな物体についても（重力

の他の影響を無視した理想的な場合には)加速度 $\ddot{x}$ の値が一定になるのである.

上にのべたのは,質点が一直線上を運動する場合であるが,平面の中の運動では,質点の位置も速度も加速度も力も皆二つの数の組で表され,空間の中の運動では,皆三つの数の組で表されるのである.

落下する物体の運動は加速度が一定になるので,等加速度運動というべきものであるが,水平な平面上を一定の摩擦を受けながら滑ってゆく運動の場合も等加速度運動となる.ただし,運動する物体の速度を減少させるように働く一定の摩擦力は,速度が 0 となった瞬間になくなり,それから先は物体は静止しつづけることになる.

次に直線上を運動する質点の位置を表す数 x が時刻 t のある函数 $f(t)$ によって
$$x = f(t)$$
と表され,その加速度が定数 $-2k$ となるとき,すなわち,
$$\ddot{x} = -2k$$
のとき,$f(t)$ がどんな函数であるかを調べよう.

まず $\dot{x}$ の時刻 t に対する関係は,広い意味での運動として等速度運動と考えられるから,$t=0$ のときの $\dot{x}$ の値を a とすれば,

(1) $$\dot{x} = a - 2kt$$

で表される.これを手がかりとして,x が t のどんな函数であるかを調べる.$t=0$ のときの x の値を h としておく.$x=f(t)$ で表される運動に対して,その速度 $\dot{x}$ が $a-2kt$ となれば,定数 c に対して,$x=f(t)+c$ で表される運動も,その時刻 t における速度は前と同じ $a-2kt$ で表される.つまり (1) の関係が成り立つような $f(t)$ はただ一つ定まらないので,$f(0)$ をどんな値に指定することも出来るのである.

§3 等加速度運動

今この運動をする質点を A とし，次のような運動をする別のもう一つの質点 B を想像する．B は $t=0$ のとき A と同じ位置 h にあり，正数 d に対して，t の値が $0, d, 2d, \cdots, md, \cdots$ の瞬間に速度を更新し，$m=1, 2, \cdots$ に対して，
$$(m-1)d \leqq t < md$$
の間では，速度
$$a-2k(m-1)d$$
の等速度運動をすると考えるのである．

今時刻 t の値を一つ固定し，自然数 n に対して，
$$d = \frac{t}{n}$$
とする．この d によって上のように定めた運動をする質点 B の時刻 t における位置を算出してみよう．時刻が $(m-1)d$ から md まで変る時間経過 d の間に，速度 $a-2k(m-1)d$ の等速度運動をするのであるから，その間の B の位置の変化は，時間経過 d に速度を乗じたもの
$$ad-2k(m-1)d^2$$
で与えられる．したがって時刻 $t=nd$ における B の位置は，この m を 1 から n まで動かして得られる値の総和に h を加えて，
$$h+ad+\{ad-2kd^2\}+\{ad-4kd^2\}+\cdots+\{ad-2(n-1)kd^2\}$$
$$= h+nad-2kd^2\{1+2+\cdots(n-1)\}$$
で与えられる．
$$1+2+\cdots(n-1) = \frac{1}{2}n(n-1)$$
であるから，B の位置は
$$h+nad-kd^2n(n-1) = h+at-kt^2\left(1-\frac{1}{n}\right)$$

で表される．

ここで A と B の運動を比較してみると，時刻 $(m-1)d$ における速度は A, B ともに $a-2k(m-1)d$ である．それから時刻 md に至る間，A の速度は $a-2kmd$ まで時間に比例して減少するが，B の方の速度はその間，$a-2k(m-1)d$ に止まっている．したがって B の速度の値は常に A の速度より大きいので時刻 $t=nd$ のときの A の位置を表す数 $f(t)$ は B の位置を表す数より小さく，不等式

$$f(t) < h+at-kt^2\left(1-\frac{1}{n}\right)$$

が成立する．

もう一つ別の質点 C を考える．C の運動は B と同様に，時刻 0 のときは h の位置にあり，時刻 $0, d, 2d, \cdots$ で速度を更新し，時刻 $(m-1)d$ と md の間では速度 $a-2kmd$ の等速運動をするものとする．そのとき C の速度は常に A の速度より小さいが，時刻 t における C の位置を表す数は，B の位置と同様の計算によって，

$$h+nad-2kd^2\{1+2+\cdots+n\} = h+nad-kd^2 n(n+1)$$
$$= h+at-kt^2\left(1+\frac{1}{n}\right)$$

であるから，今度はこの値より A の位置を表す $f(t)$ の方が大きい．したがって，前のものと合せて不等式

$$h+at-kt^2\left(1+\frac{1}{n}\right) < f(t) < h+at-kt^2\left(1-\frac{1}{n}\right)$$

が成立する．n を限りなく大きくしたとき，この不等式の $f(t)$ をはさむ左辺と右辺はともに $h+at-kt^2$ に収束するので，

$$f(t) = h+at-kt^2$$

であることがわかる．

実際に，

(2) $$x = h + at - kt^2$$
で表される運動の時刻 t における速度 $\dot{x}$ を計算してみる．t を固定し，t の変化量 Δt と，対応する Δx をとれば，
$$x + \Delta x = h + a(t + \Delta t) - k(t + \Delta t)^2$$
$$= h + at - kt^2 + a\Delta t - 2kt\Delta t - k(\Delta t)^2$$
となり，(2)を用いて，
$$\Delta x = a\Delta t - 2kt\Delta t - k(\Delta t)^2$$
を得，両辺を Δt で割って，
$$\frac{\Delta x}{\Delta t} = a - 2kt - k(\Delta t)$$
となる．したがって，Δt を限りなく小さくしたときの極限として，
$$\dot{x} = a - 2kt$$
となり，与えられた条件を満足していることがわかる．

この関係 $x = h + at - kt^2$ で表される運動は，$t = 0$ のとき高さ h のところから物体を，a が正の場合は上方に，a が負の場合には下方に，最初の速さ $|a|$ を与えるように投げた場合の運動である．もし重力の作用がなければ，その運動は速度 a の等速度運動で，$x = h + at$ によって表される筈であるが，重力の作用があるために $-kt^2$ の項が付け加わっているのである．この運動は，速度 a の等速度運動と，ただ手をはなして物体を落としたときの運動との合成であると考えられる．

上記の計算からわかるように，$\dot{x}$ が t の一次函数となるような x は t の二次函数であることがわかり，わざわざ仮想的な運動をする質点 B, C と較べてみる必要はない．しかしこのような仮想的な運動を考えることは，$\dot{x}$ が t のどんな函数であるかがわかっていて，$x = f(t)$ となる函数 $f(t)$ がわかっていないとき，$f(t)$ の値を近似的

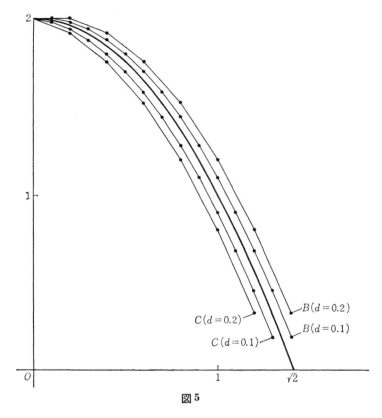

図 5

に求めるのに役立つ方法である．その近似の様子は，図5で示すように，三つの質点 A, B, C の運動を表す函数のグラフを較べてみるとよくわかる．同図では水平座標が t を表し，垂直座標は質点の位置を表している．ここでは，A の運動のグラフが前節の図2のグラフとなる場合，すなわち，$a=0, h=2, k=1$ の場合を考え，B, C の運動を定める d は 0.1 および 0.2 の二つの場合を考えている．d を 0.1 としたものの方が A の運動をよりよく近似していることがわかる．

§4 物体を投げたときの運動

地上 h の高さから，ある方向へ物を投げたときの運動を考えてみよう．前と同様に，物を質点として考える．この質点の運動は，投げる場所から地上へ下した垂線と投げる方向の直線を含む平面の中で行われる．図6の面はその平面を示すものとし，点 A を投げる点，O をその直下の地上の点とする．A を始点とする向きをつけた線分 AB は，質点を投げる方向と投げる強さを表わしている．線分 AB の長さ v が，その強さを表すが，もし重力がなければ，そのまま AB の方向に単位時間に v の速さで質点が飛んでゆくものとする．B から垂直の方向に引いた直線と A から水平の方向に引いた直線の交点を C とし，線分 AC の長さ，線分 BC の長さを，それぞれ，a, b とすれば，直角三角形 ABC についてピタゴラスの定理を適用して，

$$v^2 = a^2 + b^2$$

の関係が成立している．この平面に O を原点，O を通る水平線と垂直線を座標軸とする座標を定める．

時刻を表す数 t が 0 のとき，A の位置にある質点が AB の方向に

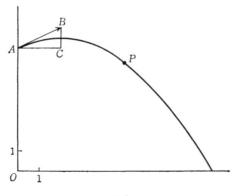

図 6

投げられ，時刻 t のとき P の位置に来たとする．

点 P の座標を

$$(x, y)$$

としたとき，この x, y が t のどんな函数になっているかを調べよう．

このような運動について考えるとき，この運動を水平方向の運動と垂直方向の運動との合成であると考えることが出来る．まず，水平方向だけを考え，垂直方向を無視すれば，水平方向に関しては速度を変化させる力は何も働いていないので（ただし，空気の抵抗はないことにして考える），単位時間に a だけ進むような最初に与えられた速度がそのまま維持されると考えられる．したがって，水平方向の位置を表す数 x が t の一次函数

$$x = at$$

によって表されることがわかる．次に，垂直方向だけに注目すれば，ある定数 $k>0$ に対し，$-2k$ の加速度を持つ等加速度運動であるから，質点の高さを表す数 y に対して，

$$\ddot{y} = -2k$$

が成立するはずである．$t=0$ のときの質点の垂直方向への速度は b であるから，$\dot{y}$ は t の一次函数，

$$\dot{y} = b - 2kt$$

で表され，$t=0$ における質点の高さが h であることから，前節で検討したように，

$$y = h + bt - kt^2$$

であることが結論される．結局，質点の位置を表す数 x, y は，それぞれ t の函数として，

$$x = at$$
$$y = h + bt - kt^2$$

で表されることがわかった．

　$a \neq 0$ のときは，
$$t = \frac{1}{a}x$$
となり，$y = h + bt - kt^2$ の t を $\frac{1}{a}x$ で書きかえれば，
$$y = h + \frac{b}{a}x - \frac{k}{a^2}x^2$$
となり，y が x の二次函数になっている．この函数のグラフは質点の軌道を表している．図6に示した曲線がその軌道で(同図では，$h=6, a=2, b=1, k=\frac{1}{2}$ としている)，これは垂直方向の軸を持つ放物線である．(放物線は抛物線とも書き，抛は"なげる"という意味の字である．物を投げたときの運動の軌道となるということから名付けられている．)

　この運動は物が地上に到着すれば終りとなるが，そのときの時刻を求めてみよう．それには $y=0$ となる t の値を求めればよいが，
$$y = h + \frac{1}{4k}b^2 - k\left(t - \frac{b}{2k}\right)^2$$
と書きかえれば，$y=0$ となるのは
$$\left(t - \frac{b}{2k}\right)^2 = \frac{h}{k} + \frac{b^2}{4k^2}$$
となるときで，
$$t = \frac{b}{2k} + \sqrt{\frac{h}{k} + \frac{b^2}{4k^2}}$$
か，または，
$$t = \frac{b}{2k} - \sqrt{\frac{h}{k} + \frac{b^2}{4k^2}}$$
である．ところが，後の方の t の値は負になるので，前の方の値

$$\frac{1}{2k}(b+\sqrt{4kh+b^2})$$

が求めるものである．

これからわかるように，物が落ちるまでの経過時間は，b が大きいほど大きくなる．したがって，物を同じ強さ v で投げる場合は，真上に投げるときが滞空時間が最大になることがわかる（そのとき，$a=0, b=v$ で，b が最大になる）．また，$b=0$ のとき，すなわち，物を水平方向に投げる場合は，投げる強さにかかわりなく，滞空時間は

$$\sqrt{\frac{h}{k}}$$

で，高さ h のところからそのまま手をはなして物を落したのと同じである．

次に，地面のどこに落ちるかを考えると，上記の t の値のときの x の値であるから，

$$\frac{a}{2k}(b+\sqrt{4kh+b^2})$$

となる．これが落下地点の O からの距離である．

投げる強さ v を一定にしたとき，最も遠いところに到達するようにするには，どの方向に投げたらよいだろうか．そのためには
$$a^2+b^2=v^2$$
となるような a, b で，上記の値を最大にするものを求めればよい．この問題は次章の §3 でとりあげることにしよう．

ここでは，$h=0$，すなわち，地上から投げた場合について考えよう．この場合は，落下点の O からの距離は

$$\frac{ab}{k}$$

であるから，これが最大となる a, b を求めればよい．

$v^2 = a^2 + b^2$ が一定であるから，
$$2ab = v^2 - (a-b)^2$$
となり，これが最大になるのは
$$a = b$$
のときである．つまり，$45°$ の角度で投げるとき最も遠いところまで到達することがわかる．

練習問題

1. 直線上の質点の運動で，時刻 t における質点の位置を表す数 x が，$x = 2t^3 - 3t^2$ で与えられているときの，時刻 t における速度を求めよ．

2. 地上からの高さ h のところで $t=0$ のとき，垂直の方向に速度 v_1 を与えた質点の，時刻 t における高さ x は t のどんな関数になるか．($v_1 > 0$ のときは投げ上げること，$v_1 < 0$ ならば下に向って投げること．)この質点が地上に到着する瞬間の速度を $-v_2$ としたとき，$v_2^2 - v_1^2 = 2kh$ となることを確かめよ．ただし k は重力の定数とする．

3. 図7のように，水平線の点 O の真上の高さ h のところから水平線上の O から a だけへだたった点まで斜面があるとしよう．$t=0$ のとき，O の真上にある質点に，斜面にそっての速さ $v_1 > 0$ を下向きに与えて滑らせる．そのとき，この質点が地上に達するときの速さ v_2 に対して，$v_2^2 - v_1^2 = 2kh$ となることを確かめよ．k は重力の定数とする．(P に質点があるとき，P に働く重力を，矢線 PQ で示す．Q から斜面に下した垂線の足を R，P を通る斜面に垂直な直線に Q から下した垂線の足を S とする．矢線 PR, PS は，それぞれ重力の斜面の方向の成分，斜面に垂直な成分を示している．後者は物体を斜面におし付ける働きをし，前者だけが，物体の斜面にそっての運動に影響をおよぼす．)

4. 問3と同じ状況で，$v_1 = 0$ とし斜面を滑り落ちるのに要する時間を計算し，次のことを確かめよ．(図8参照)

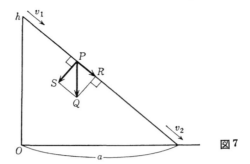

図7

(i) 水平線上の O から b だけへだたった点 B に直線 HB にそって滑り落ち,地上についたときの速さをそのまま水平方向に保って,O から $\frac{1}{\sqrt{3}}h$ へだたった点 A に到着するまでの時間より,直接 H から HA にそって滑り落ちる時間の方が短い.

(ii) H から C まで,直線 HC にそって滑り落ちるのに要する時間より,H から HA にそって A まで滑り落ち,そのときの速さを水平方向に保って C まで到達するまでの時間の方が短い.(H から A より先の点まで物体を滑らせるのに HA の斜面を使うのが最もよいことを示している.)

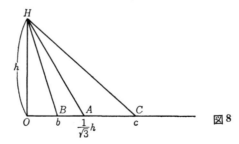

図8

第4章
函数の微分と積分

　前章で，質点の位置が時刻 t の二次函数で表される運動の t における速度は t の一次函数で表されることをのべた．一般に位置が t の函数 $f(t)$ で表される場合の t における速度を表す函数を $f(t)$ の'導函数'といい，

$$f'(t)$$

で表す．$f(t)$ から $f'(t)$ を求めることを"微分する"といい，逆に，$f'(t)$ から，函数 $f(t)$ を求めることを"積分する"という．

　本章では，函数の微分と積分について一般的に考察しそれに関連したことがらについてのべる．

§1　函数の微分

　変数 y が変数 x の函数として，

$$y = f(x)$$

の関係にあるとき，x が時刻を表し，y が直線上を運動する質点の時刻 x のときの位置を表すと考えれば，x における速度 $\dot{y}$ を考えることが出来る．前章で落下する物体について考えたのと同様に，この x と y をある値に固定しておいて，x の変化量を $\varDelta x$，対応する y の変化量を $\varDelta y$ とすれば，

$$\varDelta y = f(x+\varDelta x) - f(x)$$

で，

$$\frac{\Delta y}{\Delta x}$$

の Δx を限りなく小さくしたときの極限が $\dot{y}$ である．

　運動の場合には，$\dot{y}$ は時刻 x における速度であるが，一般には'速度'の代りに'変化率'と呼ぶ．詳しくいえば，"変数 y の変数 x に関する変化率"で，速度と同様に，一般には x の値に応じて異なる値をとるのである．運動の場合の速度は位置の時刻に関する変化率であり，加速度は速度の時刻に関する変化率である．

　y の x に関する変化率 $\dot{y}$ を

$$y'$$

と書く書き方がよく用いられるので，今後はこの記法を用いることにする．

　y' は一つの変数と考えられるが，y と同様に，y' も x の函数である．y が x の函数として，

$$y = f(x)$$

であるとき，y' を表す x の函数を

$$y' = f'(x)$$

と書く．

　$f(x)$ という函数に対して，$f'(x)$ は

$$\frac{f(x+\Delta x) - f(x)}{\Delta x}$$

の Δx を限りなく小さくしたときの極限で与えられているものであり，函数 $f(x)$ から導かれる函数という意味で，$f(x)$ の'導函数'という．この函数を f としたとき，導函数を f' で表すのである．函数の導函数を求めることを，その函数を'微分する'といい，$f'(x)$ のことを $f(x)$ を微分した函数ということもある．どの変数についていうかを明らかにする必要のあるときは，"x で微分する"という

§1 函数の微分

言い方もされる．

　第3章§2でのべたように，$x=a$ における $f(x)$ の変化率 $f'(a)$ は，$\varDelta x$ を限りなく小さくしたときの，

$$\frac{f(a+\varDelta x)-f(a)}{\varDelta x}$$

の極限である．別のいい方をすれば，$x=a$ の近くで函数 $f(x)$ がほぼ一致するとみなされる一次函数

$$f(a)+f'(a)(x-a)$$

の x の係数である．このことから，$f'(a)$ のことを a における $f(x)$ の'微分係数'(あるいは略して'微係数')という．また，座標を定めた平面の中で

$$y=f(x)$$

のグラフの曲線を考えると，上記の一次函数のグラフである直線は，この曲線の点 $(a, f(a))$ における接線であり，その勾配が $f'(a)$ である．

　y が x の函数として

$$y=f(x)$$

であるとき，これを微分すれば

$$y'=f'(x)$$

となるが，これをまた微分して，

$$y''=f''(x)$$

が得られる．ここでは

$$(y')'=y'' \qquad (f')'=f''$$

の略記が用いられている．

　この y'', $f''(x)$ は $y, f(x)$ をそれぞれ二回微分した変数，函数であるが，$f''(x)$ のことを $f(x)$ の第二階の導函数という．$f'(x)$ は第一

階の導函数である．

同様に，自然数 n に対して，$f(x)$ の第 n 階の導函数が考えられ，これを

$$f^{(n)}(x)$$

で表し，対応して，変数 y を n 回微分した変数は

$$y^{(n)}$$

と書く．

$y^{(n)}$ の $x=a$ における値 $f^{(n)}(a)$ のことを y の a における第 n 階の微分係数という．

ニュートンとともに微分積分学の創始者といわれるライプニッツ (Leibnitz, 1646-1716) は y の x に関する変化率 $y'(\dot{y})$ のことを

$$\frac{dy}{dx}$$

と書いた．これは一まとめの記号で，dx や dy に独立の意味はないと考えてよいが，$\frac{\Delta y}{\Delta x}$ の極限であることを暗示していることなど便利な点があって，現在でも用いられている．この $\frac{dy}{dx}$ の記法では，y の変化率が x に関するものであることを明示している．

またこの記法は，記号

$$\frac{d}{dx}$$

が対応

$$y \longrightarrow \frac{dy}{dx}$$

を表すと解釈することも出来，この解釈によれば，y を x で二回微分した y'' は

§1 函数の微分

$$\left(\frac{d}{dx}\right)^2 y$$

と表されるが，これを

$$\frac{d^2y}{dx^2}$$

と書く習慣がある．同様に，自然数 n に対して，y を n 回微分したものを

$$\frac{d^n y}{dx^n}$$

と書く．

また $f(x)$ の導函数 $f'(x)$ のことを

$$\frac{df(x)}{dx} \quad \text{または} \quad \frac{d}{dx}f(x)$$

と書き，函数 f の導函数 f' という言い方に対応して，

$$\frac{df}{dx}$$

と書くのである．

自然数 n に対して，$f(x)$（あるいは f）の第 n 階の導函数 $f^{(n)}(x)$ は

$$\frac{d^n f(x)}{dx^n}, \quad \frac{d^n}{dx^n}f(x) \quad \text{または} \quad \frac{d^n f}{dx^n}$$

で表される．

記号 $\dfrac{dy}{dx}$ において，dx, dy に独立の意味はないとのべたが，強いて意味付ければ，dx は x の'無限小'の変化量を表し，その dx に対応する y の無限小の変化量を dy で表すのである．

ここで無限小の変化量というのは，そういうもの自身が存在するわけではないが，"必要に応じて，どこまでも微小な変化量を考え

ようとする意図"を投射した架空の対象である．
$\frac{\Delta y}{\Delta x}$ の Δx を限りなく小さくした極限が $\frac{dy}{dx}$ である．そこで"Δx を限りなく小さくしてしまったもの"という架空の存在を考えて，それを dx で表し，それに対応して"限りなく小さくなった" Δy のことを dy として，$\frac{\Delta y}{\Delta x}$ の極限を dy と dx の商であるとしたのである．

この際 dx になお無限小を乗じたものは 0 とみなすのである．

例えば，$y=x^2$ のとき，dx に対応する $d(x^2)$ は
$$(x+dx)^2-x^2 = 2xdx+(dx)^2$$
であるが，この $(dx)^2$ はすでに極限的に微小にした dx に較べてなお無限小であるという理由で無視することにより，
$$d(x^2) = 2xdx$$
とし，両辺を dx で割って
$$\frac{d(x^2)}{dx} = 2x$$
を得るのである．

18 世紀以前には，このような架空の存在である無限小に言及して思考を言い表す習慣があった．しかしその後，このような言い方を避けるようになり，現在では，この種のことがらをすべて'極限'の概念を用いて言い表す習慣になっている．

§2 函数の演算による組合せの微分

二つの函数の和，積，その他いくつかの函数を組合せて得られる函数の導函数がどんな函数になるかを調べてみよう．

(1) 函数の和の微分

二つの函数 $f(x), g(x)$ の和として表される函数

§2 函数の演算による組合せの微分

$$f(x)+g(x)$$

の導函数は

$$f'(x)+g'(x)$$

である.

x の変化量を Δx とすれば,対応する $f(x)+g(x)$ の変化量 $\Delta(f(x)+g(x))$ は

$$\{f(x+\Delta x)+g(x+\Delta x)\}-\{f(x)+g(x)\} = \Delta(f(x))+\Delta(g(x))$$

であるから,これを Δx で割って,Δx を限りなく小さくしたときの極限が $f'(x)+g'(x)$ になるのである.

$$x \longrightarrow f(x)+g(x)$$

を $f+g$ で表わせば,函数の和の導函数は

$$(f+g)' = f'+g'$$

と書くことが出来る.また,三つ以上の函数についても同様である.

定数 c は,

$$x \longrightarrow c$$

の対応と考えれば,x の函数の特別の場合を表していると考えられる.Δx に対応する c の変化量 Δc は c は変化しないので当然 0 である.したがって,$f(x)+c$ の導函数は $f'(x)$ となる.導函数が同じ $f'(x)$ となる函数が,c をさまざまの値にしたときの $f(x)+c$ として,無数に存在するのである.

(2) 函数の積の微分

二つの函数 $f(x), g(x)$ の積として表される函数

$$f(x)g(x)$$

の導函数は

$$f'(x)g(x)+f(x)g'(x)$$

である.

x の変化量 Δx に対応する $f(x)g(x)$ の変化量は

$$\Delta(f(x)g(x)) = f(x+\Delta x)g(x+\Delta x) - f(x)g(x)$$
$$= \{f(x+\Delta x)g(x+\Delta x) - f(x+\Delta x)g(x)\}$$
$$+ \{f(x+\Delta x)g(x) - f(x)g(x)\}$$
$$= f(x+\Delta x)\{g(x+\Delta x) - g(x)\}$$
$$+ \{f(x+\Delta x) - f(x)\}g(x)$$
$$= f(x+\Delta x)\Delta(g(x)) + \Delta(f(x))g(x)$$

となるが,これを Δx で割り,Δx を限りなく小さくしたときの極限を考えれば,$f(x+\Delta x)$ の極限は $f(x)$ であり,$\dfrac{\Delta(g(x))}{\Delta x}, \dfrac{\Delta(f(x))}{\Delta x}$ の極限がそれぞれ $g'(x), f'(x)$ であるから上記の結果を得るのである.

対応
$$x \longrightarrow f(x)g(x)$$
を
$$fg$$
で表すことにすれば,(2)は
$$(fg)' = f'g + fg'$$
と書くことが出来る.

特別の場合として,$g(x)$ が定数 c であれば,$(c)'=0$ であるから,
$$(cf)' = cf'$$
となる.

三つ以上の函数の積の導函数についても二つの函数の積の導函数の場合と同様のことが成り立つ.例えば三つの函数 f, g, h の積 fgh については,
$$(fgh)' = f'gh + fg'h + fgh'$$
となるが,これは
$$(fgh)' = ((fg)h)' = (fg)'h + (fg)h'$$

§2 函数の演算による組合せの微分

$$= (f'g + fg')h + fgh'$$

から得られる．

函数の個数がいくつであっても，その積の導函数はその積の各因子を一つずつその導函数でおきかえた形の積の和で表されるのである．例えば，自然数 n に対して，$f(x)^n$ の導函数は，同じ結果となる n 個の積の和であるから，

$$nf(x)^{n-1}f'(x)$$

である．特に，$f(x)=x$ のとき，$(x)'=1$ であるから，

$$(x^n)' = nx^{n-1}$$

となる．

このことと，函数の和の導函数を求めること，および $(cf)'=cf'$ ということから，定数 $a_0, a_1, a_2, \cdots, a_n$ を係数とする x の n 次の多項式

$$f(x) = a_0 + a_1 x + a_2 x^2 + a_3 x^3 + \cdots + a_n x^n$$

で表される x の函数の導函数は

$$f'(x) = a_1 + 2a_2 x + 3a_3 x^2 + \cdots + na_n x^{n-1}$$

となり，次数の一つ少ない $n-1$ 次の多項式で表される．

いいかえれば，n 次函数の導函数が $n-1$ 次函数になる．前章では，二次函数の導函数が一次函数となり，一次函数の導函数が 0 次函数，つまり定数となることを確かめたのである．

m を自然数として上記の x の n 次の多項式 $f(x)$ を m 回微分すれば，

$$\begin{aligned}
f^{(m)}(x) = &\, m(m-1)\cdots 2\cdot 1\cdot a_m \\
&+ (m+1)m\cdots 2\cdot a_{m+1}x \\
&+ (m+2)(m+1)\cdots 3\cdot a_{m+2}x^2 \\
&\cdots\cdots \\
&+ n(n-1)\cdots(n-m+1)a_n x^{n-m}
\end{aligned}$$

となり，$x=0$ とおけば右辺は第一項を除いて 0 となるので，
$$f^{(m)}(0) = m(m-1)\cdots 2 \cdot 1 \cdot a_m$$
が得られる．

1 から m までの自然数の積を m の階乗といい，
$$m!$$
で表す．これを用いれば，
$$a_m = \frac{1}{m!} f^{(m)}(0)$$
となり，$f(x)$ の m 次の係数は $x=0$ における $f(x)$ の第 m 階の微係数によって表されることがわかる．

(3) 函数の商の微分

函数 $f(x), g(x)$ から，その商
$$\frac{g(x)}{f(x)}$$
で表される函数の導函数は
$$\frac{f(x)g'(x) - f'(x)g(x)}{f(x)^2}$$
である．

これは，$\dfrac{1}{f(x)}$ の導函数が
$$-\frac{f'(x)}{f(x)^2}$$
であることがわかれば，前にのべた二つの函数の積の導函数を求めることとを組合せて，
$$\left(g(x)\frac{1}{f(x)}\right)' = g'(x)\frac{1}{f(x)} + g(x)\left(-\frac{f'(x)}{f(x)^2}\right)$$
として得られる．

§2 函数の演算による組合せの微分

さて，x の変化量 $\varDelta x$ に対応する $\dfrac{1}{f(x)}$ の変化量は

$$\varDelta\left(\frac{1}{f(x)}\right) = \frac{1}{f(x+\varDelta x)} - \frac{1}{f(x)}$$

$$= \frac{f(x) - f(x+\varDelta x)}{f(x+\varDelta x)f(x)}$$

$$= \frac{-\varDelta f(x)}{f(x+\varDelta x)f(x)}$$

となるから，これを $\varDelta x$ で割って，$\varDelta x$ を限りなく小さくしたときの極限を考えればよい．すなわち $f(x+\varDelta x)$ の極限が $f(x)$ であり，$\dfrac{\varDelta f(x)}{\varDelta x}$ の極限が $f'(x)$ であることから，

$$\left(\frac{1}{f(x)}\right)' = \frac{-f'(x)}{f(x)^2}$$

が得られるのである．

特に，自然数 n に対して，$f(x) = x^n$ としたとき，$f'(x) = nx^{n-1}$ から，

$$\left(\frac{1}{x^n}\right)' = \frac{-nx^{n-1}}{x^{2n}} = \frac{-n}{x^{n+1}} = (-n)x^{-n-1}$$

となる．ただしここで $\dfrac{1}{x^n} = x^{-n}$ とする習慣的記法を用いている．
したがって，この記法によれば，a が正または負の整数であるとき，

$$(x^a)' = ax^{a-1}$$

が成り立ち，これは，$x^0 = 1$ という規約によって，$a = 0$ の場合も正しい．

(4) 函数の函数の微分

二つの函数 f, g から，f と g を重ねた函数

$$x \longrightarrow f(g(x))$$

が考えられるが，この函数の導函数は
$$f'(g(x))g'(x)$$
である．

変数 y, z を
$$y = g(x), \quad z = f(y)$$
によって与えられたものとすれば，まず g によって x が y に対応し，その y が f によって z に対応している．この関係を図式的に書けば

となり，x から z に至る矢印は g に f を重ねた対応を表している．

x の変化量 $\varDelta x$ に対応して，y の変化量 $\varDelta y$ が
$$\varDelta y = g(x+\varDelta x) - g(x)$$
で与えられ，この $\varDelta y$ に対応して z の変化量 $\varDelta z$ が
$$\varDelta z = f(y+\varDelta y) - f(y) = f(g(x+\varDelta x)) - f(g(x))$$
で与えられる．この $\varDelta z$ を $\varDelta x$ で割れば，
$$\frac{\varDelta z}{\varDelta x} = \frac{\varDelta z}{\varDelta y} \cdot \frac{\varDelta y}{\varDelta x}$$
となるが，$\varDelta x$ を限りなく小さくするとき，対応する $\varDelta y$ も限りなく小さくなるので，そのときの極限として，
$$z' = f'(y) \cdot y'$$
を得る．$y=g(x), z=f(g(x))$ としてこれを書き直せば，
$$\{f(g(x))\}' = f'(g(x))g'(x)$$
となることがわかるのである．

特に，定数 c に対して $g(x)$ が cx あるいは $c+x$ の場合には，
$$(f(cx))' = cf'(cx), \quad \{f(x+c)\}' = f'(x+c)$$

となる．これは第5章以下でしばしば用いられる．

$y=g(x), z=f(y)$ であるとき，z を x で微分したものをライプニッツの記法で書けば，

$$\frac{dz}{dx} = \frac{dz}{dy} \cdot \frac{dy}{dx}$$

と表すことが出来る．これは外見上の分数の形によく合っている．ただし，この関係では，$x=a$ のとき $y=b$ である場合に，$\frac{dz}{dx}, \frac{dy}{dx}$ については $x=a$ のときの値を，$\frac{dz}{dy}$ は $y=b$ における値を考えるのである．

(5) 函数の平方根の微分

x の函数 $f(x)$ に対して，$f(x) \geqq 0$ となる x の範囲で，

$$\sqrt{f(x)}$$

という函数が考えられるが，この函数の導函数は

$$\frac{f'(x)}{2\sqrt{f(x)}}$$

である．

これは，特別の場合として，$f(x)=x$ のとき，

$$(\sqrt{x})' = \frac{1}{2\sqrt{x}}$$

となることと，(4)の函数の函数の導函数を求めることとの組合せ ($f(y)=\sqrt{y}$, $g(x)=f(x)$ とおく) から得られる．

x の変化量 Δx に対応する $\sqrt{x}$ の変化量は

$$\begin{aligned}
\Delta\sqrt{x} &= \sqrt{x+\Delta x} - \sqrt{x} \\
&= \frac{(\sqrt{x+\Delta x}+\sqrt{x})(\sqrt{x+\Delta x}-\sqrt{x})}{\sqrt{x+\Delta x}+\sqrt{x}} \\
&= \frac{(x+\Delta x)-x}{\sqrt{x+\Delta x}+\sqrt{x}} = \frac{\Delta x}{\sqrt{x+\Delta x}+\sqrt{x}}
\end{aligned}$$

で与えられる．したがってこの両辺を Δx で割り，Δx を限りなく小さくすれば，$\sqrt{x+\Delta x}$ の極限は $\sqrt{x}$ であるから，

$$(\sqrt{x})' = \frac{1}{2\sqrt{x}}$$

が得られるのである．

のちに（p. 116）にのべるように $\sqrt{x}, \dfrac{1}{\sqrt{x}}$ をそれぞれ $x^{\frac{1}{2}}, x^{-\frac{1}{2}}$ とかく記法があるが，これを用いれば，$\sqrt{x}$ の導函数についてのこの結果は，a が整数のときの

$$(x^a)' = ax^{a-1}$$

において，$a = \dfrac{1}{2}$ とおいた形となっている．

以上の導函数を求める方法を組合せれば，例えば，

$$\begin{aligned}
\left(\frac{1}{\sqrt{1-x^2}}\right)' &= \frac{-(\sqrt{1-x^2})'}{(\sqrt{1-x^2})^2} & &((3) による) \\
&= \frac{-1}{1-x^2} \frac{(1-x^2)'}{2\sqrt{1-x^2}} & &((5) による) \\
&= \frac{-1}{1-x^2} \frac{-2x}{2\sqrt{1-x^2}} & &((1),(2) による) \\
&= \frac{x}{(1-x^2)\sqrt{1-x^2}}
\end{aligned}$$

が得られる．

§3　函数の増減と極値

x の函数 $f(x)$ について，二つの定数 $a < b$ に対して，$a \leqq x \leqq b$ となるすべての x で，

$$f'(x) \geqq 0$$

であれば，$a \leqq x_1 < x_2 \leqq b$ となる x の二つの値 x_1, x_2 に対して，常に

§3 函数の増減と極値

$$f(x_1) \leqq f(x_2)$$

となる.これは,x を時刻と考え,$f(x)$ が直線上を運動する質点の位置を表すとすれば,$x=x_1$ のとき $f(x_1)$ にある質点は,x が x_1 から x_2 まで変る間の速度 $f'(x)$ が常に 0 または正であるから,当然先に進むことから明らかである.このことを,函数 $f(x)$ が $a \leqq x \leqq b$ の範囲で増加であるという.逆に,$f(x)$ がこの範囲で増加であれば,同じ範囲のどの x に対しても $f'(x) \geqq 0$ となることも,質点の運動として考えれば明らかである.

また,$a \leqq x \leqq b$ となるすべての x において,

$$f'(x) \leqq 0$$

であれば,$a \leqq x_1 < x_2 \leqq b$ となる x の二つの値 x_1, x_2 に対して,常に,

$$f(x_1) \geqq f(x_2)$$

となる.このことを,$f(x)$ が $a \leqq x \leqq b$ の範囲で減少であるという.

以上のことから,x のある値 x_0 で,

$$f'(x_0) = 0$$

となれば,次の三つの可能な場合がある.

(1) x_0 の近くの x について,$x<x_0$ では $f'(x) \geqq 0$ で,$x>x_0$ では $f'(x) \leqq 0$ となる場合.

このときは,x_0 に近い x について,$x<x_0$ では $f(x)$ は増加で,$x>x_0$ では $f(x)$ は減少である.したがって,x_0 に近い x の中で $f(x)$ の最大値が $f(x_0)$ になる.この場合,$f(x_0)$ のことを $f(x)$ の**極大値**という.

例えば,$f(x) = -x^2$ のとき,$f'(x) = -2x$ であるから,$x=0$ のとき $f'(x) = 0$ となるが,$f'(x)$ は $x<0$ で正,$x>0$ で負である.したがって図 1 の $y = -x^2$ のグラフで分るとおり,$f(x)$ は $x=0$ において極大値 0 になる.(この場合には 0 は $f(x)$ の最大値である.)

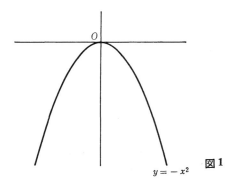

図1

(2) x_0 の近くの x について, $x<x_0$ では $f'(x)\leqq 0$ で, $x>x_0$ では $f'(x)\geqq 0$ となる場合.

このときは, x_0 に近い x の中での $f(x)$ の最小値が $f(x_0)$ になる. $f(x_0)$ のことを $f(x)$ の極小値という.

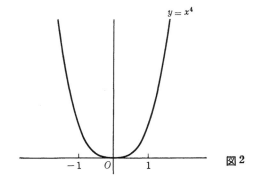

図2

例えば, $f(x)=x^4$ のとき, $f'(x)=4x^3$ であるから, $x=0$ のとき $f'(x)=0$ となるが, $f'(x)$ は $x<0$ で負, $x>0$ で正である. したがって図2の $y=x^4$ のグラフでわかる通り, $f(x)$ は $x=0$ において極小値0になる. (0は $f(x)$ の最小値である.)

(3) x_0 の近くの x について, $x<x_0$ でも $x>x_0$ でも常に $f'(x)$

§3 函数の増減と極値

$\geqq 0$ であるか，または常に $f'(x) \leqq 0$ である場合．

このときは，$f(x)$ は x_0 の近くで，増加または減少であるから，$f(x)$ が x_0 の近くで定数である場合を除けば，$f(x_0)$ は極大値でも極小値でもない．

例えば，$f(x) = x^3$ とすれば，$f'(x) = 3x^2$ であるから，$f'(x)$ は $x = 0$ を除いて常に正であり，図 3 の $y = x^3$ のグラフでわかる通り，$f(0)$ は極大にも極小にもならない．

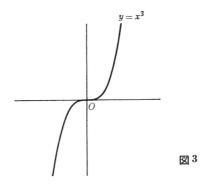

図 3

x の函数 $f(x)$ について，$a \leqq x \leqq b$ となるすべての x で
$$f''(x) \geqq 0$$
であれば，$f'(x)$ がこの範囲で増加函数であるから，$y = f(x)$ のグラフの曲線に点 $(x, f(x))$ で引いた接線の勾配が x の増加にともなって増加する．したがって，この曲線は図 2 の場合のように上の方に彎曲している．このことをまた，下に向って凸であるともいう．

図 2 は，$f(x) = x^4$ の場合で，$f''(x) = 12x^2$ であるからすべての x で $f''(x) \geqq 0$ となっているのである．

$f'(x_0) = 0$ で，$f''(x_0) > 0$ であれば，x_0 の近くの x で $f''(x) > 0$ となっているから，$y = f(x)$ のグラフは，$x = x_0$ の近くで下に向って

凸になり，上記の (2) の場合で，$f(x_0)$ は極小値となる．
$a \leqq x \leqq b$ となるすべての x で
$$f''(x) \leqq 0$$
であれば，$f'(x)$ がこの範囲で減少函数であるから，$y=f(x)$ のグラフの曲線に点 $(x, f(x))$ で引いた接線の勾配が x の増加にともなって減少し，この曲線は，図1の場合のように，下の方に彎曲している．これを上に向って凸であるという．

図1は，$f(x)=-x^2$ の場合で，$f''(x)=-2$ であるから，すべての x で $f''(x)<0$ となっているのである．

$f'(x_0)=0$ で $f''(x_0)<0$ であれば，x_0 の近くの x で $f''(x)<0$ であるから，$y=f(x)$ のグラフは上に向って凸になり，上記の (1) の場合で，$f(x_0)$ は極大値となる．

以上のことは，x の変化にともなう $f(x)$ の変化の様子を知ること，特に $f(x)$ のグラフの概形を描くことに役立つ．

一例として
$$y = x^3 - 3x - 1$$
のグラフを考えてみよう．これを微分すれば
$$y' = 3x^2 - 3$$
$$y'' = 6x$$
となるので，$y'=0$ となる x の値は 1 と -1 である．一方，$x>0$ では $y''>0$，$x<0$ では $y''<0$ であるから，$x=-1$ で y は極大値 $(-1)^3-3(-1)-1=1$ をとり，$x=1$ で y は極小値 $1^3-3\cdot1-1=-3$ をとる．その他，x が負で絶対値が大きければ，x^3 は $-3x-1$ に較べて絶対値が大きいので，y も同様に負で絶対値が大きくなる．また x が正で大きいとき，同様に y も正で大きくなる．これらのことを参考にしてグラフを描けば，図4のようになる．$x=0$ で

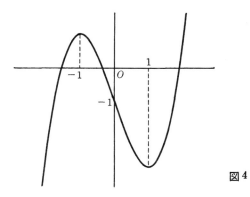

図 4

$y'' = 0$ であるから,このグラフの曲線上の点 $(0, -1)$ はこの曲線の彎曲の仕方が変る点になっていて,その左側では上に向って凸,右側では下に向って凸になっている.

次に最大値,最小値を求めることを考えよう.

$y = f(x)$ であるとき,x の値のある範囲での y の最大値または最小値を求めることが必要になることがよくあるが,その場合,上にのべたように,最大値または最小値をとる x の値では

$$f'(x) = 0$$

となるので,そのような x の値を求めて(それは普通いくつかあるので),その値の中から適合する値をさがせばよいのである.また $a \leqq x \leqq b$ の x の範囲での値を考えているときは,$f(a), f(b)$ の二つの値も候補者に加えて考慮する必要がある.$y = f(x)$ のグラフが図5のような曲線になるとき,$a \leqq x \leqq b$ の x の範囲での y の最大値,最小値は

$$f(a), \quad f(x_1), \quad f(x_2), \quad f(x_3), \quad f(b)$$

の中にあり,この図の場合,$f(x_1)$ が最大値で,$f(b)$ が最小値になっている.

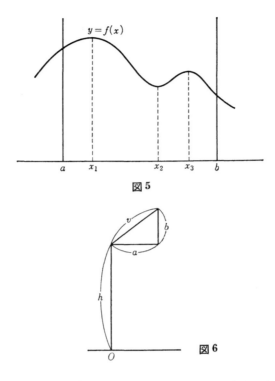

図 5

図 6

　ここでもう一度前章§4の物を投げたときの運動を考えよう．そこでは地上 h の高さの場所から図6のように物を投げたとき，物が落ちる場所の O からの距離が

$$\frac{a}{2k}(b+\sqrt{4kh+b^2})$$

となることをのべた．投げる強さ

$$v=\sqrt{a^2+b^2}$$

を一定にして，投げる方向を定める a, b をどういう値にしたとき，物が最も遠くに達するかを考えてみよう．

　これは，v を定数とし，二つの変数 a, b の間に

$$a^2+b^2=v^2, \qquad a,b \geqq 0$$

の関係があるとき，a, b 二変数の函数

$$\frac{a}{2k}(b+\sqrt{4kh+b^2})$$

の最大値を求める問題である．

まずこれを一変数の函数の問題に直すために，a と b との間の関係から，b を

$$b=\sqrt{v^2-a^2}$$

のように a で表せば，a の函数

$$f(a)=\frac{a}{2k}(\sqrt{v^2-a^2}+\sqrt{4kh+v^2-a^2})$$

の，$0 \leqq a \leqq v$ の範囲での最大値を求める問題となる．

$f'(a)=0$ となる a の値を求めるために，まず，§2 でのべた微分の方法を適用して，$f(a)$ の導函数 $f'(a)$ を計算すれば，

$$f'(a)=\frac{1}{2k}\left\{\sqrt{v^2-a^2}+\sqrt{4kh+v^2-a^2}+a\left(\frac{-a}{\sqrt{v^2-a^2}}+\frac{-a}{\sqrt{4kh+v^2-a^2}}\right)\right\}$$

$$=\frac{1}{2k}(\sqrt{v^2-a^2}+\sqrt{4kh+v^2-a^2})\left(1-\frac{a^2}{\sqrt{v^2-a^2}\sqrt{4kh+v^2-a^2}}\right)$$

となるから，$f'(a)$ が 0 となるためには，

$$\sqrt{v^2-a^2}+\sqrt{4kh+v^2-a^2}=0,$$
$$a^2=\sqrt{v^2-a^2}\sqrt{4kh+v^2-a^2}$$

のどちらかが成立しなければならない．前者が 0 となるときは（$h=0$ でなければ起り得ないことであるが），明らかに $f(a)=0$ となるから，$f(a)$ の最小値を与えるものである．後者が成り立つときは，その両辺を平方すれば，

$$a^4=(v^2-a^2)(2kh+v^2-a^2)$$
$$=a^4-a^2(2kh+2v^2)+v^2(2kh+v^2),$$

すなわち,
$$a^2 = \frac{v^2(2kh+v^2)}{2kh+2v^2}$$
となり，平方根をとって
$$a = \frac{v\sqrt{2kh+v^2}}{\sqrt{2kh+2v^2}}$$
となる.

この a における f の値 $f(a)$ を計算すれば(その過程は省略するが),
$$\frac{v}{2k}\sqrt{4kh+v^2}$$
となる.
$$f(0) = 0, \quad f(v) = \frac{v}{2k}\sqrt{4kh}$$
であるから，この値が $0 \leqq a \leqq v$ における $f(a)$ の最大値である.

特に $h=0$ の場合は，この最大値は
$$\frac{v^2}{2k}$$
となり，この最大値を与える a の値は
$$\frac{v}{\sqrt{2}}$$
となって，前章§4で確かめたように，投げる方向の水平線となす角が $45°$ となることを示している.

§4 逆関数

y が x の函数として,
$$y = f(x)$$
の関係にあるとき，x のある範囲で，対応

§4 逆函数

$$x \longrightarrow y = f(x)$$

が一対一であるとする．すなわち，この範囲内の x の二つの異なる値 x_1, x_2 に対して，必ず

$$f(x_1) \neq f(x_2)$$

となる．このとき，この x の範囲に対応する y の範囲で，

$$y \longrightarrow x$$

の対応 g が考えられ，この範囲の y に対して，

$$y = f(g(y))$$

が成立している．この g を f の'逆函数'という．

函数 f を上記の x の範囲で考えれば，それは函数 g の逆函数になり，その範囲の x に対して，

$$x = g(f(x))$$

が成立していることも明らかであろう．

例えば，$f(x) = x^2$ の場合は，$0 \leqq x$ の範囲で，

$$x \longrightarrow y = x^2$$

の対応は一対一である．この x の範囲に対応する y の範囲は $0 \leqq y$ となるすべての y の範囲であり，その y に対して，

$$y \longrightarrow \sqrt{y}$$

が逆函数になっている．

また，$x \leqq 0$ の範囲を考えても，$x \longrightarrow x^2$ の対応は一対一であるから，同じ $y \geqq 0$ となる y の範囲で，

$$y \longrightarrow -\sqrt{y}$$

という，もう一つの逆函数も考えられる．

$y = x^2$ のグラフとその逆函数のグラフを互いに較べてみる．そのために，二つの逆函数

$$x = \sqrt{y}, \quad x = -\sqrt{y}$$

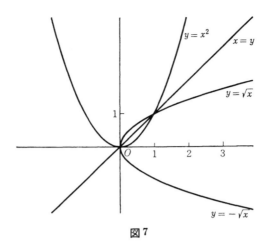

図7

において，x と y の役割をいれかえて，
$$y = \sqrt{x}, \quad y = -\sqrt{x}$$
としてグラフを描くと，図7のようになる．$y=x^2$ のグラフの曲線を，$x=y$ に対応する直線に関して対称の位置に移した曲線が，x, y の関係
$$x = y^2$$
に対応する曲線(放物線)で，それが原点を境にして $y=\sqrt{x}$ のグラフと $y=-\sqrt{x}$ のグラフに分割されているのである．

函数の逆函数の導函数と，もとの函数の導函数との関係を調べてみよう．

$y=f(x)$ のとき，y のある範囲で，f の逆函数(いくつかあればその一つ)を g とすれば，その範囲の y に対して，
$$y = f(g(y))$$
が成立している．両辺を y の函数として y で微分すれば，§2の(4)でのべたことを用いて，

§4 逆函数

$$1 = f'(g(y))g'(y)$$

を得る．これを書きかえれば，

$$g'(y) = \frac{1}{f'(g(y))}$$

となり，このことから，f の逆函数 g の導函数の y における値はもとの函数 f の導函数の $g(y)$ における値の逆数になっていることがわかる．

ライプニッツの記法を用いて書けば，$y=f(x)$ の関係から，x が y の函数とみなされるとき，x を y で微分したもの $\dfrac{dx}{dy}$ は

$$\frac{dx}{dy} = \frac{1}{\dfrac{dy}{dx}}$$

で与えられ，この場合も外見上の分数記号に適合しているのである．ただし，この函数 f と今考えているその逆函数 g による x と y との対応において $x=a$ が $y=b$ に対応するとすれば，上の等式は，左辺の $\dfrac{dx}{dy}$ では $y=b$ における値を考え，右辺の分母にある $\dfrac{dy}{dx}$ では $x=a$ における値を考えているのである．

$y=x^2$ の逆函数 $x=\sqrt{y}$ の導函数を求めれば，

$$\frac{d(\sqrt{y})}{dy} = \frac{dx}{dy} = \frac{1}{\dfrac{dy}{dx}} = \frac{1}{2x} = \frac{1}{2\sqrt{y}}$$

となり，§2 の(5)で求めた結果と一致している．

m を自然数として，函数

$$y = x^m$$

の逆函数は，x, y ともに正の範囲で考えると，y に対して y の m 乗根 (m 乗すれば y となる正数)を対応させるものである．y の m 乗

根は

$$\sqrt[m]{y}$$

と書かれることもあるが ($\sqrt[2]{y}$ はただ $\sqrt{y}$ と書く習慣である)

$$y^{\frac{1}{m}}$$

という記法があり，この方が便利である．

$y=x^m$ のとき，$y\geqq 0$ の範囲で $x=y^{\frac{1}{m}}$ であるから，y の函数としての $y^{\frac{1}{m}}$ の導函数は

$$\frac{d}{dy}(y^{\frac{1}{m}}) = \frac{dx}{dy} = \frac{1}{\dfrac{dy}{dx}} = \frac{1}{mx^{m-1}} = \frac{1}{m}x^{-m+1} = \frac{1}{m}y^{\frac{1}{m}-1}$$

で与えられる．(ただし自然数 m, n に対して $(y^{\frac{1}{m}})^n$ と $(y^n)^{\frac{1}{m}}$ は同じものであるからこれを $y^{\frac{n}{m}}$ と書くのである．) この y を改めて x と書けば，$a=\dfrac{1}{m}$ の場合も，§2 で a が正負の整数の場合に得た

$$\frac{d}{dx}(x^a) = ax^{a-1}$$

が成立することがわかった．

§5 函数の積分

x の函数 $f(x)$ からその導函数 $f'(x)$ を求めることの逆の操作として，その導函数が $f(x)$ となるような函数 $F(x)$ を求めることを"積分する"といい，$F(x)$ のことを $f(x)$ を積分した函数という．

$f(x)$ の導函数 $f'(x)$ はただ一つ定まるが，$f(x)$ を積分した函数は，その一つを $F(x)$ とすれば定数 C を加えた函数 $F(x)+C$ も $f(x)$ の積分になっている．また，$f(x)$ を積分した函数は $F(x)+C$ の形のものだけである．

変数 y が変数 x の函数であり，それがどんな函数であるかとい

うことが直接に与えられていないで，その微分についての条件
$$y' = f(x)$$
が与えられ，これを手がかりとして，y が x のどんな函数であるかを求めることが'積分'である．一般に，微分についての等号を用いて表される条件から，その函数を求めようとする場合，この微分についての条件を'微分方程式'といい，その条件を満足する函数のことをその微分方程式の解という．上記の形のものに限らず一般に微分方程式の解を求めることを"積分する"という．

上記の $y'=f(x)$ は微分方程式の中で最も簡単な型であるが，上でのべたように，この微分方程式の解はただ一つ定まるわけではない．x のある値，例えば a における y の値を指定すれば，ただ一つ定まるのである．

$y'=f(x)$ の条件に，$x=a$ における y の値が 0 となるという条件を付け加えて，y が x のどんな函数になるかを近似する方法を考えよう．a より大きい数 b に対して，その函数の b における値を近似することを考えるのである．その方法は，前章の§3 で，速度が時刻の一次函数で与えられる運動をする質点の位置が，時刻の二次函数で与えられることを確かめたのと同じ方法である．

x は時刻を表すと考え，また直線上を運動する質点 A の位置が y であるとしたとき，時刻 a のときに 0 の位置を出発し，時刻 x のときの速度が $f(x)$ であるような運動をする質点 A の時刻 b における位置を求めるのである．

そこで，自然数 n を定め，$a+nd=b$ となるように正数 d をとり，別の質点 B が，$x=a$ のときは A と同じ O の位置にあって，$x=a$, $a+d, a+2d, \cdots, a+(n-1)d$ のところで速度を更新し，$0 \leq m \leq n-1$ の各 m について，$a+md$ と $a+(m+1)d$ の間では，速度 $f(a+md)$

の等速度運動をすると考える．n を充分に大きくすれば（したがって d を充分小さくすれば），この質点 B の運動で A の運動がいくらでも近似されるのである．

　後での説明の都合を考えて，
$$x_0 = a, x_1 = a+d, x_2 = a+2d, \cdots, x_{n-1} = a+(n-1)d, x_n = b$$
とおき，d の代りに，x_m から x_{m+1} までの変化量という意味で Δx と書くことにする．各 $m = 0, 1, \cdots, n-1$ において，x_m から x_{m+1} までに x が Δx だけ変る間，B は速度 $f(x_m)$ で等速度運動をするので，$x=b$ における質点 B の位置は
$$f(x_0)\Delta x + f(x_1)\Delta x + \cdots + f(x_{n-1})\Delta x$$
で表される．Δx を充分小さくすれば（それにともなって n も，各 $x_1, x_2, \cdots$ も変るが），この値がいくらでも，$x=b$ における質点 A の位置，すなわち，$x=b$ における y の値を近似しているのである．（どの程度に Δx を小さくすれば $x=b$ における B と A の位置がどの位近くなるかは函数 $f(x)$ に依存している．）

　上記の $x=b$ での B の位置を表す和を
$$\sum_{m=0}^{n-1} f(x_m) \Delta x$$
と表す習慣がある．（$f(x_m)\Delta x$ の m を 0 から $n-1$ まで変えてその全体の和をとるという意味の記法で，$\sum$ はギリシア文字 σ（シグマ）の大文字で和（英語で sum）という意味の言葉の頭文字である．）

　ライブニッツはこの和の Δx を限りなく小さくしたときの極限（つまり $x=b$ における y の値）を
$$\int_a^b f(x) dx$$
と書いたが，この記法が現在でも用いられている．

　もう一度繰り返すと，

§5 函数の積分

$$\int_a^b f(x)dx$$

とは，$y'=f(x)$ という微分に関する条件と，$x=a$ において $y=0$ という条件を満足する x の函数 y の $x=b$ における値である．これをまた，"函数 f を a から b まで積分した値"という．

この記法は，

$$\sum_{m=1}^{n-1} f(x_m)\varDelta x$$

の極限ということから，$\sum$ の代りに，それに対応するローマ字 S をひきのばした形の

$$\int$$

を書き，$\displaystyle\sum_{m=0}^{n-1}$ の代りに

$$\int_a^b$$

とし，$f(x_m)\varDelta x$ の代りに

$$f(x)dx$$

と書くことで，この数値がどのような和の極限になっているかを暗示しているのである．

なお $a>b$ の場合も，$-\displaystyle\int_b^a f(x)dx$ のことを $\displaystyle\int_a^b f(x)dx$ と書くことにする．

この記法には一つ注意すべきことがある．

$f(x_m)\varDelta x$ の m を 0 から $n-1$ までとった和を

$$\sum_{m=0}^{n-1} f(x_m)\varDelta x$$

と書くとき，この記法の中での文字 m は，この和の表現の中でだけ使われているものであるから，m の代りにどんな文字を用いて

も全く同じ表現となる．すなわち，
$$\sum_{i=0}^{n-1} f(x_i)dx, \quad \sum_{k=0}^{n-1} f(x_k)dx$$
等，皆同じものを表している．

同様に，函数 f を a から b まで積分した値を
$$\int_a^b f(x)dx$$
と書く．そのときの文字 x も，この表現の中だけで使われるものであるから，
$$\int_a^b f(t)dt, \quad \int_a^b f(s)ds$$
等が皆同じものを表しているのである．

 導函数が $f(x)$ となるような函数の一つを $F(x)$ とする．$y'=f(x)$ となる x の函数 y で $x=a$ のとき $y=0$ となるものは
$$y = F(x) - F(a)$$
と表される．したがって，この y の $x=b$ における値として，
$$F(b) - F(a) = \int_a^b f(x)dx$$
を得る．この左辺を
$$\left[F(x) \right]_a^b$$
と略記することがある．

 簡単な例を一つあげると，x の函数 x^3 を微分すれば，$3x^2$ となるので，導函数が x^2 となる函数の一つは $\frac{1}{3}x^3$ である．したがって，x^2 を 1 から 2 まで積分した値は
$$\int_1^2 x^2 dx = \left[\frac{1}{3}x^3 \right]_1^2 = \frac{1}{3}(2^3 - 1^3) = \frac{7}{3}$$
である．

また，上記の b を x でおき変えれば，
$$F(x)-F(a)=\int_a^x f(t)dt$$
と書くことが出来る．（右辺で $f(t)dt$ というように文字 t を用いたのは，文字 x が一つの変数を表すのに用いられているので，x をこの記法の中で用いるわけにゆかないからである．しかし，これを承知の上で，$\int_a^x f(x)dx$ と書くこともある．）

したがって，$y'=f(x)$ で，$x=a$ のとき $y=0$ となる y は
$$y=\int_a^x f(t)dt$$
と表される．

導函数が $f(x)$ となるような x の函数はたくさんあるが，すべて定数 a, c を適当に定めて，
$$c+\int_a^x f(t)dt$$
と書くことが出来る．そのような函数の総称として，
$$\int f(x)dx$$
と書くことがあり，（こんなことにまで名前を付ける必要もないが，）これを"函数 f の不定積分"といい，これに対して，函数 f を a から b まで積分した値
$$\int_a^b f(x)dx$$
のことを定積分という習慣がある．

§6 積分と計量

ここで計量というのは，平面や空間の部分の面積や体積，曲線の長さ，曲面の面積等を求めることである．これらの平面や空間の部

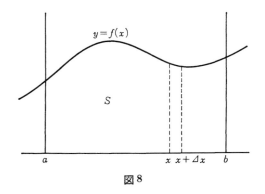

図8

分,曲線,曲面が,演算の組合せその他の函数関係によって表されているとき,これらの計量が積分の計算に帰着される.

函数 $y=f(x)$ の a から b までの積分値

$$\int_a^b f(x)dx$$

は,図8の座標を定めた平面で,$y=f(x)$ のグラフの曲線と $x=a$ および $x=b$ の垂直線と水平軸で囲まれた部分の面積を表す数値になる.上記の部分のうち,図の x における垂直線の左側の部分の面積を表す変数を S とし,その S が x のどんな函数であるかを調べるために,S の x に関する変化率を求める.x の変化量 $\varDelta x$ に対応する S の変化量 $\varDelta S$ は,図の x および $x+\varDelta x$ における垂直線にはさまれた帯状の部分である.その帯の長さがほぼ $f(x)$ に等しいことから,近似等式

$$\varDelta S \fallingdotseq f(x)\varDelta x$$

が成り立ち,両辺を $\varDelta x$ で割って $\varDelta x$ を限りなく小さくした極限として,

$$S' = f(x)$$

が得られる.$x=a$ における S の値が 0 であるから,$x=b$ における

§6 積分と計量

S の値が上記の積分で表されるのである.

$f(x)$ の a から b までの積分値の近似値として,前節でのべた和

$$\sum_{m=0}^{n-1} f(x_m)\varDelta x$$

を考える.これは図9のように,幅 $\varDelta x$ で長さ $f(x_m)$ の長方形の和の面積に等しく,その極限が上記の部分の面積になることが直観されるであろう.

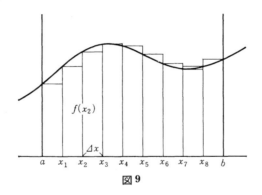

図 9

図8,図9で示したのは $a \leqq x \leqq b$ で $f(x) \geqq 0$ の場合である.しかし図10のように $f(x)$ が負の値をとるときは,グラフの曲線の一部が水平線の下側に来るが,f の a から b までの積分値は水平線の

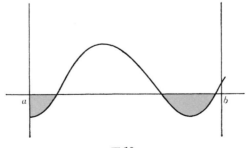

図 10

下側の部分(図で影をつけた部分)の面積を負の符号をつけて考えるのである．

微分積分の考えのはじまるはるか以前に，アルキメデスはこのような方法で面積や体積を求めていた．第1章の§5でのべた円周の長さを内接および外接する正多角形の周の長さで近似するのもこれと同種の方法である．

次に円や球を例にとって各種の計量が積分の計算に帰着されることを示そう．

円の面積

第2章§3でのべたように，座標を定めた平面で $x^2+y^2=1$ の関係に対応する，原点を中心とする半径1の円の上半分は函数
$$y = \sqrt{1-x^2}$$
のグラフである．これを -1 から 1 まで積分した値が半円の面積になる．したがって半径1の円の面積は
$$2\int_{-1}^{1} \sqrt{1-x^2}\,dx$$
で表すことが出来る．
$$\int_{-1}^{1} \sqrt{1-x^2}\,dx = \int_{-1}^{0} \sqrt{1-x^2}\,dx + \int_{0}^{1} \sqrt{1-x^2}\,dx$$
で右辺の二つの項は等しいから，円の面積は
$$4\int_{0}^{1} \sqrt{1-x^2}\,dx$$
で表される．

導函数が $\sqrt{1-x^2}$ となる函数は，簡単な演算によっては表せないので，0と1の間を十等分して，上記の積分値を近似すれば，

$$\sum_{m=0}^{9}\sqrt{1-\left(\frac{m}{10}\right)^2}\cdot\frac{1}{10}$$
$$=\frac{1}{100}(10+\sqrt{100-1}+\sqrt{100-4}+\cdots+\sqrt{100-81})$$

が得られ，この値を四倍したものは大体

$$3.3045$$

位である．半径1の円の面積は実は円周率 π に等しいので，この近似値はほんとうの値よりかなり大きい．

上記の和の第1項を除けば，四倍したものが 0.4 だけ減少するので，

$$2.9045$$

となるが，両者の平均をとると

$$3.1045$$

となり，前よりよい近似値になる．

この事情を示したのが図11である．わかりやすくするために0と1との間を五等分した図である．この図の幅が $\frac{1}{5}$ で高さが1の長方形にはじまる五つの長方形の面積の和は四分円の面積よりかなり大きいが，最初の長方形を除いたものを $\frac{1}{5}$ ずつ左方にずらせば，四個の長方形が皆円の内部に入って，今度はその面積の和は四分円

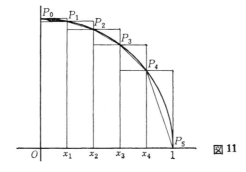

図11

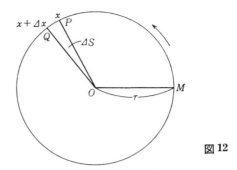

図12

の面積より小さい．両者の平均をとれば，ちょうど円周上の点 P_0, $P_1, \cdots, P_5$ を結んで出来る七角形 $OP_0P_1\cdots P_5$ の面積に等しく，まだ四分円の面積より小さいがかなり近くなる．その誤差はちょうど P_0P_1, P_1P_2 などの弦と円弧から出来る五つの弓形の部分の面積の和となっている．

半径 r の円の面積が πr^2 になることは次のようにして確かめられる．

図12の O を中心とする半径 r の円周上の一点 M から，円周上で矢印の方向に測った長さが x となる点を P とし，扇形 OMP の面積を表す変数を S とする．x の微小な変化量 Δx に対し，x から円周上で Δx だけ進んだ点を Q とすれば，Δx に対応する S の変化量 ΔS は扇形 OPQ の面積に等しい．それはほぼ底辺が Δx で高さが r の三角形の面積

$$\frac{1}{2}r\Delta x$$

に等しいので，

$$S' = \frac{1}{2}r$$

が得られる．$x=0$ のときは，$S=0$ であるから，$x=2\pi r$ のときの S

の値,すなわち円の面積は

$$\int_0^{2\pi r} \frac{1}{2} r \, dx = \left[\frac{1}{2} r x \right]_0^{2\pi r} = \pi r^2$$

となるのである.

円の面積を求めるもう一つの方法として,図13で示すように O を中心とする半径 x の円の面積を S とすれば,x の微小な変化量 $\varDelta x$ に対応する S の変化量 $\varDelta S$ は,半径 x の円周と半径 $x+\varDelta x$ の円周の間にはさまれた円環の部分(図で斜線をひいた部分)の面積で,その面積はほぼ長さ $2\pi x$,幅 $\varDelta x$ の長方形の面積

$$2\pi x \varDelta x$$

に等しい.したがって,

$$S' = 2\pi x$$

となり,$x=0$ のとき $S=0$ であるから,$x=r$ のときの S の値,すなわち半径 r の円の面積は

$$\int_0^r 2\pi x \, dx = 2\pi \left[\frac{x^2}{2} \right]_0^r = \pi r^2$$

で与えられる.

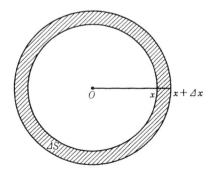

図13

球の体積

O を中心とする半径 1 の球の体積を積分によって計算してみよう．図 14 はこの中心 O を原点として座標を定めた平面でのこの球の切口の円を示したものである．この円を水平軸のまわりに回転すれば球が出来る．水平座標が x となる垂直線の左側の部分を回転して出来る立体の体積を表す変数を V とする．x の微小な変化量 $\varDelta x$ に対応する体積 V の変化量 $\varDelta V$ は，x と $x+\varDelta x$ における垂直線によって切りとられた部分を回転して出来る厚さ $\varDelta x$ の円板の体積である．その円板の半径は(表，裏で少し異なるが)x における垂直線の切口のところではかると $\sqrt{1-x^2}$ であるから，$\varDelta V$ はほぼ

$$\pi(1-x^2)\varDelta x$$

となる．これから，

$$V' = \pi(1-x^2)$$

となり，$x=-1$ のときに $V=0$ であるから，この球の体積は $x=1$ における V の値

$$\int_{-1}^{1} \pi(1-x^2)dx = \pi\left[x-\frac{1}{3}x^3\right]_{-1}^{1} = \frac{4}{3}\pi$$

となる．

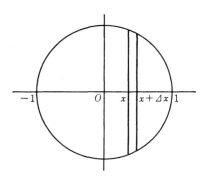

図 14

球の体積を求める別の方法として，今度は半径 x の球の体積を V とおき，x の微小な変化量 Δx に対応する V の変化量 ΔV を考える．これは半径 x の球面と半径 $x+\Delta x$ の球面にはさまれた，厚さ Δx の球面状の部分の体積に等しい．半径 1 の球の表面積を S_1 とすれば，半径 x の球の表面積は $x^2 S_1$ となるので，ΔV はほぼ

$$S_1 x^2 \Delta x$$

に等しく，

$$V' = S_1 x^2$$

となる．$x=0$ のとき $V=0$ であるから，半径 r の球の体積は，$x=r$ のときの V の値として，

$$\int_0^r S_1 x^2 dx = S_1 \left[\frac{1}{3}x^3\right]_0^r = \frac{S_1}{3} r^3$$

となることがわかる．

前の方法で求めた半径 1 の球の体積が $\frac{4}{3}\pi$ であることと較べれば，

$$S_1 = 4\pi$$

である．

球の表面積

半径 1 の球の表面積が 4π であることは，上で球の体積を求める二つの方法を較べることによってわかったが，これを直接，積分によって計算することを考えよう．

図 15 は，図 14 と同じく，この円を水平軸のまわりに回転したものが問題の球である．水平座標 x における垂直線の左側にある円弧が回転してつくる曲面の部分の面積を表す変数を S とし，x の微小な変化量 Δx に対応する S の変化量を ΔS とする．ΔS は x と $x+\Delta x$ における垂直線で切られた円弧 PQ を回転して出来る曲面の

面積である．それは線分 PQ の長さを幅とする長さ $2\pi\sqrt{1-x^2}$（P を回転して出来る円の周の長さ）の帯の面積にほぼ等しい．

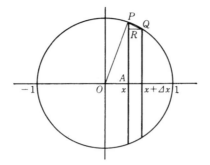

図15

Δx が微小のときは角 OPQ はほぼ直角に等しいので，水平軸上の座標 x の点を A とし，Q から PA に下した垂線の足を R とすれば，直角三角形 OPA と直角三角形 PQR とはこの順序の頂点の対応によって，ほぼ相似形である．したがって，近似等式

$$\frac{PQ \text{ の長さ}}{QR \text{ の長さ}} \doteqdot \frac{OP \text{ の長さ}}{PA \text{ の長さ}} = \frac{1}{\sqrt{1-x^2}}$$

が成り立ち，QR の長さは Δx であるから，

$$PQ \text{ の長さ} \doteqdot \frac{\Delta x}{\sqrt{1-x^2}}$$

となる．このことから，上記の帯の面積にほぼ等しい ΔS は，ほぼ

$$2\pi\sqrt{1-x^2} \cdot \frac{\Delta x}{\sqrt{1-x^2}} = 2\pi\Delta x$$

に等しい．これより，

$$S' = 2\pi$$

を得る．$x=-1$ のとき $S=0$ であるから，この球の表面積は $x=1$ における S の値として，

$$\int_{-1}^{1} 2\pi\, dx = 2\pi \Big[x\Big]_{-1}^{1} = 4\pi$$

となることがわかる.

上記の S の x に対する変化率が 2π に等しいので, S は x の一次函数として, 定数 c によって
$$S = c + 2\pi x$$
と書ける. $x=-1$ のとき $S=0$ であるから, $c=2\pi$ で,
$$S = 2\pi(x+1)$$
である. 前に $\varDelta S$ はほぼ $2\pi \varDelta x$ に等しいとのべたが, 実は $\varDelta S = 2\pi \varDelta x$ である. したがって, 半径 1 の球に外接する円柱, すなわち, 半径 1 の円を底面とする高さ 2 の円柱の側面積は
$$2\pi \times 2 = 4\pi$$
で, この球の表面積に等しいが, 高さ $1+x$ のところで底面に平行な平面で切りとられた下の方の部分の面積が, 対応する内接球面から切りとられた部分の面積に等しく,
$$2\pi(x+1)$$
となる. このことから, 底面に平行な二つの平面が切りとる円柱と内接球との表面の部分の面積 (図 16 で斜線を引いた部分) が互いに

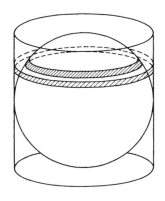

図 16

等しいことがわかる．アルキメデスは幾何学的に考えてこの事実を確かめ，球の表面積が外接する円柱の側面積に等しいことを結論している．

円周の長さ

第1章§5で，円周の長さを内接する正多角形の周の長さで近似することをのべたが，円周の長さを積分で表すことを考えよう．

前の図15で，(水平軸のまわりに回転することは考えずに)O を中心とする半径1の円の二つの座標軸の正の部分ではさまれた部分の長さ $\dfrac{\pi}{2}$ を積分で表すことを考える．水平座標 x の垂直線と垂直座標軸の間にはさまれた円弧(水平軸の上の方の部分)の長さを表す変数を s とすれば，x の変化量 $\varDelta x$ に対応する s の変化量 $\varDelta s$ は弧 PQ の長さに等しい．それは，$\varDelta x$ が微小のとき，ほぼ線分 PQ の長さに等しく，それはまた，前に確かめたように，ほぼ

$$\frac{\varDelta x}{\sqrt{1-x^2}}$$

に等しい．したがって，

$$s' = \frac{1}{\sqrt{1-x^2}}$$

となることがわかる．$x=0$ のとき $s=0$ であり，$x=1$ のときの s の値は円周の四分の一の長さ $\dfrac{\pi}{2}$ に等しいから，

$$\frac{\pi}{2} = \int_0^1 \frac{1}{\sqrt{1-x^2}}\,dx$$

となることがわかった．

前に，半径1の円の面積 π が

$$4\int_0^1 \sqrt{1-x^2}\,dx$$

で表されることをのべたが，これは，二種の積分の間に

$$2\int_0^1 \sqrt{1-x^2}\,dx = \int_0^1 \frac{1}{\sqrt{1-x^2}}\,dx$$

の関係があることを示している．(つまり両者ともに $\frac{\pi}{2}$ に等しい．)

このことは次のように考えてもわかる．

x の函数 $x\sqrt{1-x^2}$ の導函数を求めると，

$$\frac{d}{dx}(x\sqrt{1-x^2}) = \sqrt{1-x^2} + x\frac{d}{dx}(\sqrt{1-x^2})$$

$$= \sqrt{1-x^2} + x\left(\frac{-x}{\sqrt{1-x^2}}\right)$$

$$= \sqrt{1-x^2} + \frac{1-x^2}{\sqrt{1-x^2}} - \frac{1}{\sqrt{1-x^2}}$$

$$= 2\sqrt{1-x^2} - \frac{1}{\sqrt{1-x^2}}$$

であるから，

$$\int_0^1 \left(2\sqrt{1-x^2} - \frac{1}{\sqrt{1-x^2}}\right)dx = \left[x\sqrt{1-x^2}\right]_0^1 = 0$$

となり，上記の関係が成り立つのである．

練習問題

1. n が整数のとき，x の函数 $\dfrac{x^n}{\sqrt{1+x^2}}$ の導函数が

$$\{nx^{n-1} + (n-1)x^{n+1}\}(1+x^2)^{-\frac{3}{2}}$$

であることを確かめよ．

2. $y = x^4 - 4x^3 + 4x^2 + 1$ のグラフの概形を描け．

3. 1 より小さい二つの正数 a, b に対して，常に，

$$\frac{b}{1+a} + \frac{a}{1+b} < 1$$

となることを示せ．(分母をはらった形の不等式にしてまず a を定数として考えよ．)

4. 体積が 1 立方メートルの直方体の表面積の最小値を求めよ．

5. a が有理数のとき，$x>0$ で考えられた x の函数 x^a の導函数が ax^{a-1} となることを示せ．

6. 次の積分の値を求む．

(i) $\displaystyle\int_0^1 \frac{x^5}{(1+x^2)\sqrt{1+x^2}}\,dx$ (ii) $\displaystyle\int_1^2 \frac{1}{x^4(1+x^2)\sqrt{1+x^2}}\,dx$

(問 1 で n が $\pm 1, \pm 2, \cdots$ の場合の結果を用いて，導函数が上の函数になるものを求めよ．)

7. $\dfrac{x^2}{a^2}+\dfrac{y^2}{b^2}=1$ で表される楕円について，

(i) その囲む面積を求めよ．(半径 r の円の面積が $4\displaystyle\int_0^r \sqrt{r^2-x^2}\,dx$ で表せることを参照せよ．)

(ii) その周の長さを積分で表せ．(円の周の長さを積分で表すのと同じ方法を適用せよ．)

(iii) これを水平軸のまわりに回転して出来る立体の体積を求めよ．(円の体積を積分で表すのと同じ方法を適用せよ．)

第5章
速度に比例した抵抗のある
運動と指数函数

　速度に比例した抵抗を受ける物体の運動を考える．その運動を表す函数の微分についての条件から，その函数がどんな函数であるかを調べ，その函数に密接な関係にある指数函数とその逆函数である対数函数についてのべる．

§1　速度に比例した抵抗を受ける物体の運動
　空気の中を物体が動くとき，その速度がある程度以下の範囲では，速度に比例した大きさの抵抗を受けることが知られている．静止した物体にある初速度を与えて運動させ，運動を変化させる原因が速度に比例した抵抗だけの理想的な場合を考えよう．

　前と同様に，その物体を質点とみなし，時刻を表す数を t，時刻 t における質点の位置を表す数を x とし，この運動が t のある函数 $f(t)$ によって

$$x = f(t)$$

の関係で表されるとしよう．$t=0$ の時，質点にある初速度を与えて運動させるのであるから，$f(t)$ は t が 0 または正のときだけ定義されたものとする．時刻 t におけるこの質点の速度と加速度はそれぞれ $f'(t)$ と $f''(t)$ である．この運動の各瞬間における加速度の大きさは抵抗の大きさに比例し，それはまたその瞬間の速度に比例す

るから，$k>0$ を定数として，函数 $f(t)$ は
$$f''(t) = -kf'(t)$$
という特性を持っている．（抵抗は速さを小さくするように働くので，加速度と速度は符号が反対になる．）

初速度 $f'(0)$ が 0 のときは，質点は明らかに静止したままであるから，$f(t)$ は定数函数である．そこで初速度が 0 でない場合を考えるが，考え易くするために最初の質点の位置を表す数が 0，初速度が 1，$k=1$ の場合を考えよう．

前に数や函数は，現実の状況の考察に際して，ある理想的な状況を思考することによって"出会う"ものであるとのべた．今ここで，抵抗のある運動の理想的な場合を考えて，一つの函数 $f(t)$ に出会っているのである．

この函数 $f(t)$ は次の三つの条件によって定まっているものである．

(1) $f(0) = 0,$
(2) $f'(0) = 1,$
(3) $f''(t) = -f'(t).$

そこで，
$$f(t) + f'(t)$$
という函数を考える．その導函数
$$f'(t) + f''(t)$$
は (3) によって 0 であるから，$f(t)+f'(t)$ は定数となる．(1)，(2) によって $f(0)+f'(0)=1$ であるから，すべての $t \geqq 0$ に対して，
$$f(t)+f'(t) = 1$$
が成り立つ．したがって，函数 $f(t)$ は上の条件 (1) と

(4) $f'(t) = 1 - f(t)$

の条件で定まる函数と考えることが出来る．(4) で $t=0$ とすれば，

(1)によって(2)が得られ，(4)の両辺を微分すれば(3)が出てくるのである．そこで，今後は $f(t)$ を(1)と(4)を満足する関数として考えることにする．

$f(t)$ で表される運動は，$t=0$ のとき 0 の位置を初速度 1 で出発し，以後速度は次第に減少する．もしかりに，ある時刻で速度が 0 となれば，それから先は何の力も働かなくなるので，質点は静止しつづけることになる．(後でわかるように，速度は実は決して 0 にならない．) したがって，速度が 1 から減少しても決して 0 にならない場合はもちろん，たとえ 0 になったとしても，負となることは決してない．すなわち，空気の抵抗があるからといって，一つの方向に進む物体が後もどりすることはないのである．$f'(t)$ が負にならないということから，(4)によって $f(t)$ が 1 を超えないことがわかる．このように，この運動の大体の様子は知ることが出来るが，時刻 t を与えたとき，$f(t)$ がどんな値になるかはわからない．

また，この関数 $f(t)$ は第 3 章で扱った落体の運動の場合のように t の多項式で表される関数にはならない．もし $f(t)$ が n 次の多項式で表されれば，$f'(t)$ は $n-1$ 次の多項式になるので，(4)の関係は成立しえないのである．

そこで，t の与えられた値に対して，$f(t)$ の値を極限操作を用いて算出する方法を考えよう．これは同時に関数 $f(t)$ との出会いを確かめることにもなる．

$f(t)$ で表される運動をする質点を A と名付け，第 3 章 §3 で行なったように，仮想的な運動をする質点 B を考えて，A と B との運動を較べてみる．

d を 1 より小さい正数とし，質点 B は $t=0$ のとき 0 の位置にあり，そのときの速度は質点 A と同じく 1 で，時刻 0 から d までは

速度 1 の等速度運動をする．$t=d, 2d, 3d, \cdots$ で速度を更新し，$m=1, 2, 3, \cdots$ に対して
$$md \leqq t < (m+1)d$$
では等速度運動を行い，その速度は
$$1-(t=md における B の位置を表す数)$$
と定める．これを表にして書くと次の通りである．

t	B の速度	B の位置
0	1	0
d		d
$2d$	$1-d$	$1-(1-d)^2$
$3d$	$(1-d)^2$	$1-(1-d)^3$
$4d$	$(1-d)^3$	$1-(1-d)^4$
$\vdots$		$\vdots$
md		$1-(1-d)^m$
$(m+1)d$	$(1-d)^m$	$1-(1-d)^{m+1}$
$\vdots$	$\vdots$	$\vdots$

実際，$t=d$ のときの B の位置は，0 から出発して d だけの時間，速度 1 で進むので，$d (=1-(1-d))$ となり，時刻 d から $2d$ までは，同じく d だけの時間，速度 $1-d$ で進むので，$t=2d$ における B の位置は
$$d + d(1-d) = 1-(1-d)^2$$
で表される．$t=md$ における B の位置が
$$1-(1-d)^m$$
とすれば，そこで速度を $1-\{1-(1-d)^m\} = (1-d)^m$ に更新し，$t=(m+1)d$ までに $d(1-d)^m$ 進むので，$t=(m+1)d$ のときの B の位置は

$$1-(1-d)^m+d(1-d)^m = 1-(1-d)^{m+1}$$

となるのである.

$t=md$ のときの A の位置 $f(md)$ と B の位置との間に,

(5) $\qquad 1-(1-d)^m-d < f(md) < 1-(1-d)^m$

が成立することを示そう.

まず右側の不等式は, $m=1$ のときは,

$$f(d) < 1-(1-d) = d$$

である. 時刻が 0 から d までの間, 質点 B は速度 1 の等速度運動をするのに対し, A の方は $t=0$ のときの速度が 1 で, その後は次第に遅くなるので, これは当然である.

今かりに, ある m で, 最初に

$$f(md) \geqq 1-(1-d)^m$$

となり, その一つ前の $m-1$ に対しては,

$$f((m-1)d) < 1-(1-d)^{m-1}$$

であるとする. ある時刻 $t_1 > (m-1)d$ で,

$$f(t_1) = 1-(1-d)^{m-1}$$

となるが, $f(md) \geqq 1-(1-d)^m$ であることから,

$$(m-1)d < t_1 < md$$

であり, 時刻が t_1 から md まで経過する間, B の速度は一定の

$$(1-d)^{m-1}$$

に等しい. A の速度は時刻 t_1 では

$$1-f(t_1) = (1-d)^{m-1}$$

であるが, それ以後はもっと小さくなる.

時刻 t_1 では, A の位置は $f(t_1)=1-(1-d)^{m-1}$ で, これは時刻 $(m-1)d$ における B の位置であるから, B は A より先に進んでいるが, 時刻 md では, $f(md) \geqq 1-(1-d)^m$ であり, A は B に遅れていない. ところが, この二つの時刻の間では B の速度は A の速

度より大きい．時刻 t_1 で B に遅れていた A が，速度が B より小さいままで，時刻 md で B に追付くか追抜くかすることはありえないので，はじめに仮定した，$f(md) \geqq 1-(1-d)^m$ となる m があるということはありえないことがわかる．以上で(5)の右半分が成立することがわかったのである．

次に，(5)の左側の不等式であるが，かりにある m でこれが成立しないとすれば
$$1-(1-d)^m-d \geqq f(md)$$
となり，A は B より d 以上遅れていることになるが，
$$(1-d)^{m-1}-(1-d)^m = d(1-d)^{m-1} < d$$
であるから，
$$1-(1-d)^{m-1} > 1-(1-d)^m-d \geqq f(md)$$
で，$(m-1)d \leqq t < md$ となる t に対する A の速度 $1-f(t)$ は，
$$1-f(t) \geqq 1-f(md) > (1-d)^{m-1}$$
により，その間一定の B の速度 $(1-d)^{m-1}$ より大きい．したがって，時刻 $(m-1)d$ における A の B に対する'遅れ'は，時刻 md ではもっと小さくなっているはずであるから，時刻 $(m-1)d$ における遅れは当然 d より大きい．すなわち，
$$1-(1-d)^{m-1}-d \geqq f((m-1)d)$$
が成立しなければならない．このように，同様の関係が $m, m-1, m-2, \cdots$ と次々に小さい番号でも成り立つことになる．$m=1$ での
$$1-(1-d)-d \geqq f(d)$$
は，$f(d)>0$ であるのに左辺が 0 であるから，成立しない．これは矛盾で，このことははじめに仮定した
$$1-(1-d)^m-d \geqq f(md)$$
がどんな m に対しても起りえないことを示している．

§1 速度に比例した抵抗を受ける物体の運動

以上で不等式 (5) が成り立つことがわかったが，与えられた $t>0$ に対して，自然数 n を t より大きくとり，

$$d = \frac{t}{n}$$

とおき，(5) で $m=n$ とすれば，

(6) $\quad 1-\left(1-\dfrac{t}{n}\right)^n - \dfrac{t}{n} < f(t) < 1-\left(1-\dfrac{t}{n}\right)^n$

となる．この $f(t)$ の左，右の差 $\dfrac{t}{n}$ は n を大きくすれば，いくらでも小さくなるので，t におけるこの函数の値 $f(t)$ は

$$1-\left(1-\frac{t}{n}\right)^n$$

の n を限りなく大きくしたときの極限であることがわかった．

$f(t)$ で表された質点 A の運動と，それを近似する質点 B の運動をグラフで較べてみれば，近似の様子がよくわかる．

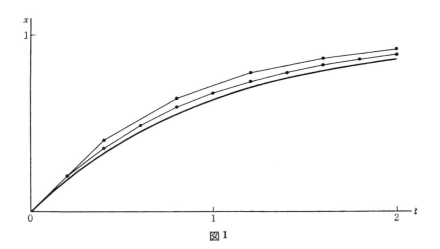

図 1

図1は，t を水平の方向にとり，各 t の値における垂直方向の高さを x として，両者の運動のグラフを描いたものである．質点 B の運動のグラフは，折れ線(線分をつないだ形の曲線)となるが，$d=0.2$ および $d=0.4$ の二つの場合を考えている．$d=0.2$ の場合の折れ線の方が下側にあり，そのまた下側にある $f(t)$ のグラフにより近づいていることがわかる．

運動その他の状況を考察するのに，その状況を表す函数を直接知ることは普通出来ないので，その函数が満足する微分の関係を求め，それを手がかりとすることが広い意味での'微分'の操作である．この節で考えた微分の関係は，t の函数 $f(t)$ に関する，
$$f''(t) = -f'(t)$$
および
$$f'(t) = 1 - f(t)$$
である．

この節では，上の第一の微分方程式を
$$f(0) = 0, \quad f'(0) = 1$$
の条件の下に解くことを考え，それをまず，第二の微分方程式を解くことに帰着させたのである．この微分方程式の解を求めるのに，一次函数をつなげ合せた函数を構成し(運動でいえば，等速度運動をつなげ合せた運動)，そのような函数の極限として求めたのである．

これは，第4章§5でのべた函数の積分を求めるのと同様の方法である．これは，どんな函数でも，変数の微小な変化の範囲では，ほぼ一次函数に等しいということに基づき，"微小な部分について知られたことを寄せ集めて全体の知識を得る"という広い意味での'積分'の操作である．

§2 指数函数

前節で考えた函数 $f(t)$ について別の観点から調べてみよう.
$f(t)$ の近似から, $t<n$ となる自然数 n をとれば,

$$f(t) < 1-\left(1-\frac{t}{n}\right)^n < 1$$

となることが分ったから, $f(t)$ は決して 1 とならず, $f'(t)=1-f(t)$ は 0 とならない. そこで

$$E(t) = \frac{1}{f'(t)} = \frac{1}{1-f(t)}$$

という函数を考え, $E(t)$ がどんな性質をもつかを検討しよう.

まず $E(t)$ の導函数が $E(t)$ 自身であることは,

$$E'(t) = \frac{-f''(t)}{(f'(t))^2} = \frac{f'(t)}{(f'(t))^2} = \frac{1}{f'(t)}$$

であることからわかる.

したがって $E(t)$ は

$$E(0) = 1,$$
$$E'(t) = E(t)$$

の二つの条件で定まる函数である. $x=E(t)$ で表される運動は, 1 の位置を初速度 1 で出発し, 各瞬間にその位置を表す数と等しい速度を持つ運動である.

今 t の一つの値 t_0 を固定して, t の函数

$$\frac{E(t_0+t)}{E(t_0)}$$

を考えると, やはり $t=0$ のときの値は 1 で, その導函数は自分自身と一致している. したがって, $E(t)$ の表す運動と同じ運動を表す函数であるから, $E(t)$ と一致しなければならない. つまり,

$$E(t) = \frac{E(t_0+t)}{E(t_0)}$$

となっている．いいかえれば，函数 $E(t)$ は，t のどの二つの値 a, b に対しても，
$$E(a+b) = E(a)E(b)$$
という特別な性質を持っているのである．

円周率を π で表すのと同様に，この函数の $t=1$ における値 $E(1)$ のことを固有名詞として e で表す習慣がある．

前節で $f(t)$ について得た不等式 (6) において $t=1$ とし，
$$f(1) = 1 - \frac{1}{E(1)} = 1 - \frac{1}{e}$$
を用いて書きなおせば，
$$1 - \left(1 - \frac{1}{n}\right)^n - \frac{1}{n} < 1 - \frac{1}{e} < 1 - \left(1 - \frac{1}{n}\right)^n,$$
すなわち，
$$\left\{\left(1 - \frac{1}{n}\right)^n - \frac{1}{n}\right\}^{-1} < e < \left(1 - \frac{1}{n}\right)^{-n}$$
を得る．$n=2$ とすれば，
$$\frac{4}{3} < e < 4$$
となることがわかり，$n=10$ として計算してみれば，
$$2.228 < e < 2.868$$
がわかる．

後で別の方法でもっと正確な e の近似値を求める．

次に $E(2), E(3)$ 等，t が自然数のときの $E(t)$ の値を考えると，
$$E(2) = E(1+1) = E(1)^2 = e^2$$
$$E(3) = E(2+1) = E(2)E(1) = e^3$$
等となり，自然数 n に対して，
$$E(n) = e^n$$
となることがわかる．

§2 指数函数

また，二つの自然数 n と m に対して

$$e^m = E\left(\frac{m}{n}\cdot n\right) = E\left(\frac{m}{n}\right)^n$$

となるから

$$E\left(\frac{m}{n}\right) = e^{\frac{m}{n}} \quad (= e \text{ の } n \text{ 乗根の } m \text{ 乗})$$

となることがわかる．つまり t が有理数 $\left(\dfrac{m}{n}\text{ の形の数}\right)$ のときは $E(t)$ の値は e の t 乗に等しい．

上記のことから，t が無理数(分数の形で表せない数)の場合でも，$E(t)$ のことを

$$e^t$$

と記し，e の t 乗と称する．

無理数，例えば $\sqrt{2}$ に対して，e の $\sqrt{2}$ 乗ということは意味を持たないが，上のように函数 E の $\sqrt{2}$ における値として定義することが出来，それはまた，$\sqrt{2}$ を近似する小数の系列，

$$1.4,\ 1.41,\ 1.414,\ 1.4142,\ \cdots$$

を用いて，

$$e^{1.4},\ e^{1.41},\ e^{1.414},\ e^{1.4142},\ \cdots$$

という系列を考え，その極限値として $e^{\sqrt{2}}$ を定義するというのと同じことになる．

$E(t) = e^t$ は今まで $t \geqq 0$ でだけ定義されていたが，実は，負数 t に対して

$$e^t = \frac{1}{e^{-t}}$$

と定めることによって，すべての正負の数について定義することが出来る．正数 a に対して a の逆数を，a の -1 乗と考える習慣に従えば，すべての正負の有理数に対して，e^t は e の t 乗である．

e^t, あるいは, 定数 k による e^{kt} のことを t の指数函数という.
前節の $f(t)$ を指数函数を用いて表せば,
$$1-f(t) = E(t)^{-1} = e^{-t}$$
であるから,
$$f(t) = 1-e^{-t}$$
となる.

なお, $e^k=a$ であるとき, a の t 乗を
$$a^t = e^{kt}$$
と定義する. t が有理数の場合は, a^t は本来の意味で a の t 乗である.

n を自然数とすれば, $e>1$ であるから, e^n は n を大きくすればいくらでも大きくなり, e^{-n} はいくらでも小さくなる. したがって, 正負の数 k に対する e^k の全体は, すべての正の数となりうるので, すべての正数 a とすべての数 t に対して, "a の t 乗"
$$a^t$$
が定義出来るのである.

定数 k に対して e^{kt} の導函数は, $u=kt$ とおけば
$$\frac{d}{dt}(e^{kt}) = \frac{d}{du}(e^u) \cdot \frac{du}{dt} = e^u \cdot k = ke^{kt}$$
となるので, $x=e^{kt}$ は, 微分方程式
$$x' = kx$$
の $t=0$ で $x=1$ となる解である. 定数 C に対して, $t=0$ で $x=C$ となる解は
$$x = Ce^{kt}$$
である.

図 2 は, $e^t, e^{2t}, e^{\frac{1}{2}t}$ のグラフを示したものである. この図を垂直軸について折り返せば, それぞれ $e^{-t}, e^{-2t}, e^{-\frac{1}{2}t}$ のグラフとなる.

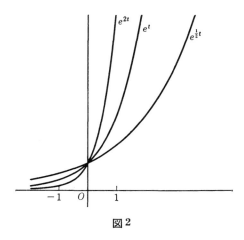

図 2

($1-e^{-t}$ のグラフは前節の図 1 で示した.)

§3 指数函数の多項式による近似

§1 で考察した $f(t)$ に関する $n>t>0$ のときの不等式

$$1-\left(1-\frac{t}{n}\right)^n - \frac{t}{n} < f(t) < 1-\left(1-\frac{t}{n}\right)^n$$

において, $f(t)=1-e^{-t}$ と書きかえると,

(1) $$\left(1-\frac{t}{n}\right)^n < e^{-t} < \left(1-\frac{t}{n}\right)^n + \frac{t}{n}$$

が得られる. $t>0$ のとき, 指数函数 e^{-t} は t の n 次の多項式

$$\left(1-\frac{t}{n}\right)^n$$

によって近似され, その誤差は t/n 以下であることがわかる.

(1) は $t<0$ のとき, e^t が $\left(1+\frac{t}{n}\right)^n$ の n を限りなく大きくしたときの極限であることを示しているが, $t>0$ のときも同じことが

成り立つ．（ただし(1)は $t>0$ でだけ成り立つ不等式であるから，(1) の t を負数にしてこの結果を出すわけにはゆかない.）

まず，$t>0$ に対して e^{-t} が $\left(1-\dfrac{t}{n}\right)^n$ の極限であることから，e^{-t} の逆数 e^t は，
$$\left(1-\frac{t}{n}\right)^{-n}$$
の極限である．

次に，$0<t<n$ のとき $\left(1-\dfrac{t}{n}\right)^{-1}$ と $\left(1+\dfrac{t}{n}\right)$ を較べれば，
$$\left(1-\frac{t}{n}\right)\left(1+\frac{t}{n}\right)=1-\frac{t^2}{n^2}$$
から，この両辺に $\left(1-\dfrac{t}{n}\right)^{-1}$ を乗じて移項すれば，
$$\left(1-\frac{t}{n}\right)^{-1}-\left(1+\frac{t}{n}\right)=\frac{t^2}{n^2}\left(1-\frac{t}{n}\right)^{-1}$$
となる．

二つの正数 a,b が $a\geqq b$ であるとき，
$$a^n-b^n=(a-b)(a^{n-1}+a^{n-2}b+\cdots+ab^{n-2}+b^{n-1})$$
$$\leqq (a-b)na^{n-1}$$
であるから，
$$a=\left(1-\frac{t}{n}\right)^{-1},\quad b=1+\frac{t}{n}$$
とすれば，
$$\left(1-\frac{t}{n}\right)^{-n}-\left(1+\frac{t}{n}\right)^n\leqq\frac{t^2}{n^2}\left(1-\frac{t}{n}\right)^{-1}n\left(1-\frac{t}{n}\right)^{-(n-1)}$$
$$=\frac{t^2}{n}\left(1-\frac{t}{n}\right)^{-n}$$
となり，不等式

§3 指数函数の多項式による近似

$$\left(1-\frac{t}{n}\right)^{-n}\left(1-\frac{t^2}{n}\right) \leqq \left(1+\frac{t}{n}\right)^n < \left(1-\frac{t}{n}\right)^{-n}$$

が成り立つことがわかる．

　これから $\left(1+\dfrac{t}{n}\right)^n$ の極限値も，$\left(1-\dfrac{t}{n}\right)^{-n}$ の極限値と等しく，e^t であることが結論されるのである．

　e^t が $\left(1+\dfrac{t}{n}\right)^n$ によって，どの程度の誤差で近似されるかは，後で別の方法で求める．

　次に，e^t を t の冪級数の極限として表すことを考えよう．つまり，第1章§6でのべたように，t の多項式の系列で，次々に一つ次数の高い項を追加して得られるものを考え，e^t がその系列の極限になっていることを示すのである．

　n を自然数として，t の函数

$$f(t) = e^t - \left(1 + t + \frac{1}{2!}t^2 + \frac{1}{3!}t^3 + \cdots + \frac{1}{n!}t^n\right)$$

とおけば，その微分 $f'(t)$ は

$$f'(t) = e^t - \left(1 + t + \frac{1}{2!}t^2 + \cdots + \frac{1}{(n-1)!}t^{n-1}\right)$$

となり，さらにこれをつづければ，$f(t)$ を n 回微分した $f^{(n)}(t)$ は

$$f^{(n)}(t) = e^t - 1$$

となる．これから，$t=0$ とおけば，

$$f(0) = f'(0) = f''(0) = \cdots = f^{(n)}(0) = 0$$

となることがわかる．

　今考えている場合に限らず，一般に t の函数 $f(t)$ とその第 n 回までの導函数が $t=0$ において 0 となるとき，k を正の定数として，$|t| \leqq k$ の範囲のどの t に対しても，

$$|f^{(n+1)}(t)| \leq M$$

となるような M をとれば，同じ範囲 $|t|\leq k$ で，

(2) $$|f(t)| \leq \frac{|t|^{n+1}}{(n+1)!}M$$

が成り立つことを示そう．

　これは $t\geq 0$ についてだけ示せばよい．$t\leq 0$ の場合は，函数 $g(t)=f(-t)$ を $t\geq 0$ で考えれば，自然数 m に対して，

$$g^{(m)}(t)=(-1)^m f^{(m)}(-t)$$

であるから，f についての条件は g についてもそのまま成立しているからである．

　まず $n=0$ のときは，f の条件は $f(0)=0$ と，$|t|\leq k$ で

$$|f'(t)| \leq M$$

となることである．この $f'(t)$ を 0 から t まで積分することによって，

$$|f(t)| = |f(t)-f(0)| = \left|\int_0^t f'(s)ds\right| \leq \int_0^t M ds \leq tM$$

が成り立つから，$n=0$ のときは，(2) が成立している．

　次に $n=1$ のときは，$f(0)=f'(0)=0$ であり，$|t|\leq k$ で

$$|f''(t)| \leq M$$

となる．このことから，函数 $f'(t)$ に $n=0$ の場合を適用して，$|t|\leq k$ で，

$$|f'(t)| \leq tM$$

が成り立つことがわかる．したがって $f'(t)$ の 0 から t までの積分を考えて，

$$|f(t)| = |f(t)-f(0)| = \left|\int_0^t f'(s)ds\right| \leq \int_0^t sM ds = \frac{t^2}{2}M$$

が成り立ち，$n=1$ の場合も (2) が成立することがわかる．同様に

§3 指数函数の多項式による近似

次々と $n=2, 3, \cdots$ の場合にも，(2)が成立することがわかるのである．

以上の結果を
$$f(t) = e^t - \left(1 + t + \frac{1}{2!}t^2 + \cdots + \frac{1}{n!}t^n\right)$$
に適用すれば，$|t| \leq k$ で
$$|f^{(n+1)}(t)| = e^t \leq e^k$$
であるから，$|t| \leq k$ で

(3) $\qquad \left| e^t - \left(1 + t + \frac{1}{2!}t^2 + \cdots + \frac{1}{n!}t^n\right) \right| \leq \frac{|t|^{n+1}}{(n+1)!} e^k$

が成立する．

このことは，t の冪級数で n 次の項が
$$1 + t + \frac{1}{2!}t^2 + \cdots + \frac{1}{n!}t^n$$
で与えられるものは，すべての t に対して収束し，その極限が e^t であることを示している．ただし，(3)の右辺が n を大きくしたとき限りなく小さくなることを確かめなければならない．これは，どんな正数 a に対しても，$2a$ 以上の自然数の中で最小のものを m とすれば，m より大きい自然数 n に対して，

$$\begin{aligned}
\frac{a^n}{n!} &= \frac{a}{n} \cdot \frac{a}{n-1} \cdots \cdot \frac{a}{3} \cdot \frac{a}{2} \cdot \frac{a}{1} \\
&< \frac{a}{2a} \cdot \frac{a}{2a} \cdots \cdot \frac{a}{2a} \cdot \frac{a}{m-1} \cdot \frac{a}{m-2} \cdots \cdot \frac{a}{2} \cdot \frac{a}{1} \\
&= \left(\frac{1}{2}\right)^{n-m+1} \frac{a^{m-1}}{(m-1)!} \\
&= \left(\frac{1}{2}\right)^n \frac{(2a)^{m-1}}{(m-1)!}
\end{aligned}$$

であるから，$\dfrac{a^n}{n!}$ は $\left(\dfrac{1}{2}\right)^n$ と n に依存しない数との積より小さくなるのでよい．

(3) で特に $t=1$ とおけば，e の近似値として，
$$1+1+\frac{1}{2!}+\frac{1}{3!}+\cdots+\frac{1}{n!}$$
が得られる．(3) の右辺の k も 1 としてよいから，前に得た $e<3$ を用いて，この誤差が
$$\frac{3}{(n+1)!}$$
以下であることがわかる．

$n=10$ の場合を計算して見れば，

$$\frac{1}{2!}=0.5, \qquad \frac{1}{3!} \fallingdotseq 0.1666667,$$

$$\frac{1}{4!} \fallingdotseq 0.0416667, \qquad \frac{1}{5!} \fallingdotseq 0.0083333,$$

$$\frac{1}{6!} \fallingdotseq 0.0013889, \qquad \frac{1}{7!} \fallingdotseq 0.0001984,$$

$$\frac{1}{8!} \fallingdotseq 0.0000248, \qquad \frac{1}{9!} \fallingdotseq 0.0000028,$$

$$\frac{1}{10!} \fallingdotseq 0.0000003$$

となり，その和は大体（一つ一つの計算に誤差があるが）
$$2.7182819$$
となる．この場合の上でのべた誤差の程度 $\dfrac{3}{11!} \fallingdotseq 0.000000075$ は非常に小さいが，$\dfrac{1}{3!}$ から $\dfrac{1}{10!}$ までを上記の小数で置きかえた誤差の方が大きい．

e を小数点以下 9 桁まで近似する小数は

§3 指数函数の多項式による近似

$$2.718281828$$

である.

前に残した問題, $t>0$ のとき e^t が自然数 m に対して $\left(1+\dfrac{t}{m}\right)^m$ でどの程度に近似されるかを調べて見よう.

(3) の不等式の $n=1$ の場合に t のところへ $\dfrac{t}{m}$ を代入すれば, $0<t\leqq\dfrac{m}{2}$ では

$$\left|e^{\frac{t}{m}}-\left(1+\frac{t}{m}\right)\right|\leqq\frac{t^2}{2m^2}e^{\frac{t}{m}}<\frac{t^2}{2m^2}e^{\frac{1}{2}}<\frac{t^2}{m^2}$$

を得るが, $a=e^{\frac{t}{m}}$, $b=1+\dfrac{t}{m}$ とおけば, $a>b$ であるから, 前にのべた不等式

$$a^m-b^m\leqq(a-b)ma^{m-1}$$

によって,

$$e^t-\left(1+\frac{t}{m}\right)^m\leqq\frac{t^2}{m^2}me^{(m-1)\frac{t}{m}}<\frac{1}{m}t^2e^t$$

となることがわかる. すなわち,

$$\left(1+\frac{t}{m}\right)^m<e^t<\left(1+\frac{t}{m}\right)^m+\frac{1}{m}t^2e^t$$

が成立し, $\dfrac{1}{m}t^2e^t$ が求むる誤差の評価である.

最後に, 今までに得た, e^t を近似する二つの n 次の多項式

$$\left(1+\frac{t}{n}\right)^n$$

と

$$1+t+\frac{1}{2!}t^2+\cdots+\frac{1}{n!}t^n$$

を比較して見よう．それには前者の多項式を t の冪にそろえて書き直す必要がある．m を $m \leq n$ となる自然数として $\left(1+\dfrac{t}{n}\right)^n$ の t^m の係数を a_m とすれば，$\left(1+\dfrac{t}{n}\right)^n$ を t で m 回微分すれば，$n-m$ 次の多項式が得られるが，その 0 次の係数は $a_m t^m$ を m 回微分した結果

$$m!\,a_m$$

である．一方，$\left(1+\dfrac{t}{n}\right)^n$ を微分すれば，

$$n\left(1+\frac{t}{n}\right)^{n-1}\cdot\frac{1}{n}$$

となり，これをまた微分すれば，

$$n(n-1)\left(1+\frac{t}{n}\right)^{n-2}\cdot\frac{1}{n}\cdot\frac{1}{n}$$

となる．これを繰り返して，m 回微分したものは

$$\frac{n(n-1)\cdots(n-m+1)}{n^m}\left(1+\frac{t}{n}\right)^{n-m}$$

となる．したがって，その 0 次の係数は，ここで $t=0$ とおいた

$$\frac{n(n-1)\cdots(n-m+1)}{n^m}=\left(1-\frac{1}{n}\right)\left(1-\frac{2}{n}\right)\cdots\left(1-\frac{m-1}{n}\right)$$

であり，これが $m!\,a_m$ であるから，

$$a_m=\frac{1}{m!}\left(1-\frac{1}{n}\right)\left(1-\frac{2}{n}\right)\cdots\left(1-\frac{m-1}{n}\right)$$

に等しい．

n に較べて m が小さいところでは，第一の多項式 $\left(1+\dfrac{t}{n}\right)^n$ の t^m の係数 a_m が第二の多項式の t^m の係数

$$\frac{1}{m!}$$

に近いことがわかる．

§4 対数函数

変数 x の函数 e^x の導函数は e^x であるから，すべての x に対して正で，e^x は増加函数である．第4章§4でのべたように，この函数の逆函数がただ一つ定まる．この逆函数を'対数函数'という．変数 y の変数 x との関係
$$y = e^x$$
は，x が y の対数函数であるという関係と同等であるが，それを
$$x = \log y$$
と書く．$\log y$ は $y > 0$ の範囲でだけ考えられている．

第4章§4で逆函数の微分についてのべたように，$y = e^x$ のとき，
$$\frac{dy}{dx} = e^x = y$$
であるから，$x = \log y$ を y で微分すれば，
$$\frac{dx}{dy} = \left(\frac{dy}{dx}\right)^{-1} = \frac{1}{y}$$
となる．

したがって，$x = \log y$ の x と y をいれかえて，
$$y = \log x$$
であるとき，
$$y' = \frac{1}{x}$$
となる．対数函数 $\log x$ の導函数は有理函数 $\dfrac{1}{x}$ であることがわかった．

図3は，$y = \log x$ のグラフを示したものであり，これは e^x のグラフと $x = y$ を表す直線に対して対称の関係にある．

指数函数が，二つの数 a, b に対して，常に

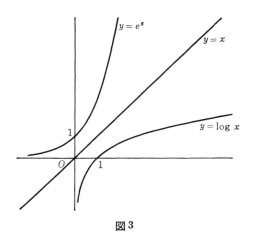

図3

$$e^{a+b} = e^a \cdot e^b$$

を満足することから,両辺の対数函数を考えれば,$a=\log e^a$, $b=\log e^b$ により,

$$\log e^a + \log e^b = \log(e^a \cdot e^b)$$

となる.e^a, e^b はすべての正数の値をとりうるので,改めて,二つの正数を a, b とすれば,常に

$$\log ab = \log a + \log b$$

が成立する.これが対数函数の特性である.

この特性により,対数函数の表をつくっておけば,乗法を加法に還元出来る.

すなわち積 ab を求めるのに,表を見て $\log a, \log b$ を調べ,その和を求めてから,表を逆に見て,対数函数の値が $\log a + \log b$ になる数値を調べればよいのである.

これと同種の函数の表を用いて数値計算の便宜をはかることは,すでに16世紀のはじめにネイピア (Napier, 1550-1617) によって考え出されている.その後,数の十進法の表記に合わせて,$\log x$ の

§4 対数函数

表の代りに，

$$\frac{\log x}{\log 10}$$

の表がつくられ，計算機の発達する前には，数値計算に非常に役立っていた．これは $\log_{10} x$ と書かれ，x の'常用対数'と呼ばれる．

ここで

$$y = \log_{10} x = \frac{\log x}{\log 10}$$

とすれば，$10 = e^{\log 10}$ を用いて，

$$10^y = (e^{\log 10})^y = e^{(\log 10)y} = e^{(\log 10)\frac{\log x}{\log 10}}$$
$$= e^{\log x} = x$$

となる．したがって例えば，

$$\log_{10} 12300000 = \log_{10} 123 + \log_{10} 10^5$$
$$= \log_{10} 123 + 5$$

あるいは同様にして，

$$\log_{10} 0.0123 = \log_{10} 123 - 4$$

などの計算法が可能な点で十進法に適合しているのである．

また，図4のように，1の目盛をつけた点から右の方に $\log_{10} a$ だけ（ある単位で測って）へだたった点に a の目盛をつけた物指を二本向い合わせておけば，上の物指の目盛1を下の物指の目盛 a に合わせたとき，上の物指の目盛 b の点を下の物指で見れば目盛

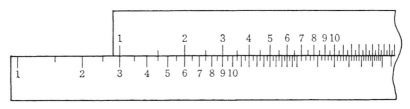

図4

ab の点になっている．この操作で乗法を簡単に行う道具が計算尺である．同図では $a=3$ の場合を示している．

$\log x$ は，その導函数が $\dfrac{1}{x}$ で，$\log 1 = 0$ であるから，
$$\log x = \int_1^x \frac{1}{t}dt$$
の形に書くことが出来る．

この積分について，第4章でのべたような近似計算を行なって，$\log x$ の値の近似値を求めることが出来る．

例えば，$x>1$ となる x に対して $\log x$ の近似値を求めるには，自然数 n をとり，$d=\dfrac{x}{n}$ とおけば，$\dfrac{1}{x}$ が減少函数であることから，
$$d\left(\frac{1}{1+d}+\frac{1}{1+2d}+\cdots+\frac{1}{1+nd}\right) < \log x$$
$$< d\left(1+\frac{1}{1+d}+\cdots+\frac{1}{1+(n-1)d}\right)$$
という不等式が成り立つことがわかる．これを $d=\dfrac{x}{n}$ として書きかえれば，
$$\frac{x}{n+x}+\frac{x}{n+2x}+\cdots+\frac{x}{n+nx} < \log x < \frac{x}{n}+\frac{x}{n+x}+\cdots+\frac{x}{n+(n-1)x}$$
となる．

上記の $\log x$ をはさむ二つの近似値の誤差は，両者の差
$$\frac{x}{n}-\frac{x}{n+nx}=\frac{x}{n}\left(1-\frac{1}{1+x}\right)=\frac{1}{n}\frac{x^2}{1+x}$$
以下であり，これは n を大きくすればいくらでも小さくすることが出来る．

特に，$x=n$ とすれば，

§4 対数函数

$$\frac{1}{2}+\frac{1}{3}+\cdots+\frac{1}{n+1} < \log n < 1+\frac{1}{2}+\cdots+\frac{1}{n}$$

となり，

$$1+\frac{1}{2}+\frac{1}{3}+\cdots+\frac{1}{n}-\log n$$

が正で，上の誤差の評価により，

$$\frac{1}{n}\frac{n^2}{1+n} = \frac{n}{1+n} < 1$$

から，どんな n に対しても 1 より小さいことがわかる．(実は $1+\frac{1}{2}+\frac{1}{3}+\cdots+\frac{1}{n}-\log n$ は n を大きくすれば一定の極限値に収束することが知られていて，その極限値をオイラーの定数という．それは

$$0.57721566490\cdots$$

である．)

次に，$\log(1+x)$ を $|x|<1$ の範囲で，x の冪級数の極限として表すことを考えよう．

$\log(1+x)$ の導函数は $\dfrac{1}{1+x}$ で，自然数 n に対して，

$$(1+x)(1-x+x^2-\cdots+(-1)^{n-1}x^{n-1}) = 1+(-1)^{n-1}x^n$$

であるから，この両辺を $1+x$ で割って書き直せば，

$$\frac{1}{1+x}-(1-x+x^2-\cdots+(-1)^{n-1}x^{n-1}) = (-1)^n\frac{x^n}{1+x}$$

を得る．この両辺の函数を 0 から x まで積分すれば，

$$\log(1+x)-\left(x-\frac{1}{2}x^2+\frac{1}{3}x^3-\cdots+(-1)^{n-1}\frac{1}{n}x^n\right)$$
$$= (-1)^n\int_0^x \frac{t^n}{1+t}dt$$

となるから，$0 \leqq x \leqq 1$ となる x に対しては，右辺の絶対値は

$$\int_0^x t^n dt = \frac{1}{n+1} x^{n+1}$$

以下であり，$-1<x<0$ に対しては，右辺の絶対値は

$$\int_0^{|x|} \frac{t^n}{|1+x|} dt = \frac{1}{n+1} \frac{|x|^{n+1}}{|1+x|}$$

を超えない．

したがって，$\log(1+x)$ は，$-1<x\leqq 1$ の範囲で，n 次の項が

$$x - \frac{1}{2}x^2 + \frac{1}{3}x^3 - \cdots + (-1)^{n-1} \frac{1}{n} x^n$$

であるような冪級数の極限となっていることがわかった．

$x=1$ とおけば，

$$1 - \frac{1}{2} + \frac{1}{3} - \cdots + (-1)^{n-1} \frac{1}{n}$$

の極限値が $\log 2$ であることがわかる．

上記の冪級数によって $\log x$ の近似値が計算出来るような x の範囲は

$$0 < x \leqq 2$$

であるが，対数函数の特性を用いれば，2 より大きい x についても $\log x$ を計算することが出来る．

例えば，m を自然数とすれば，$\log e^m = m$ であるから，
$$\log(e^m + e^m x) = \log e^m + \log(1+x)$$
$$= m + \log(1+x)$$

となる．右辺の $\log(1+x)$ は $-1<x\leqq 1$ で上記の冪級数で近似値を求めることが出来るから，$y = e^m + e^m x$ とおけば，左辺の $\log y$ が

$$0 < y \leqq 2e^m$$

の範囲で近似値を求めることが出来るのである．

練習問題

1. 時刻 $t=0$ のとき，座標を定めた直線の原点を初速度 u で出発しその直線上を運動する質点が速度の k 倍の加速度を与える抵抗を受けるとき，時刻 t のときの質点の座標 x は t のどんな函数になるか．($k=1$ の場合を参照し，e^{-kt} の微分が $-ke^{-kt}$ になることを用いよ．)

2. a を定数として，t の函数 $f(t)$ で $f'(t)=te^{at}$ となるものを求めよ．(te^{at} を t で微分して見よ．)

3. 地上から h の高さで，$t=0$ のとき，手を放した物体(質点)が，速度の a 倍の加速度を与える空気の抵抗を受けながら落ちる運動で時刻 t のときの物体の地上からの距離 x は t のどんな函数で表されるか．また，その函数を表す t の冪級数を，t^3 の項まで求めよ．ただし重力の定数は k とする．(まず，$x'=-ax-kt+ah$ の関係のあることを確かめ，$x=f(t)e^{-at}$ とおいて，$f(t)$ がどんな函数であるかを調べよ．問 2 参照．)

4. a を定数とし $x>0$ の範囲で考えた x の函数 x^a の導函数が ax^{a-1} となることを確かめよ．($x^a=e^{a\log x}$ を用いよ．)

5. $\displaystyle\int_0^1 \frac{4}{4-x^2}dx = \log 3$

を示せ．(第 1 章の問題 2 参照．)

第6章
距離に比例した引力による 運動と三角函数

　一点からの距離に比例した引力を受けてなされる運動を考え，その運動を表す函数の微分についての条件から，それがどんな函数になるかをつきとめ，その函数（三角函数と呼ばれる）の特性についてのべる．

§1　一点からの距離に比例した引力を受ける物体の運動

　一端が固定されたバネの他の一端に結び付けられた物体の運動を考えよう．理想的なバネの場合，その物体はバネが延びた長さに比例した力をその固定点に向う方向に受ける．

　座標を定めた直線の原点をバネの固定点とし，バネに結び付けられた物体を質点と考え，時刻を表す変数を t，質点のこの直線上の位置の座標を表す変数を x とする．

　$t=0$ のときに原点にある質点（理想的なバネであるから，縮むときは長さ 0 となる）に初速度 $u>0$ を与えて放した場合の運動を考える．質点はバネが延びるにつれて原点の方に引張られるので，はじめの速度 u は次第に減少してゆき，ある点まで進んでひき返して来る．バネの引く力はバネの延びた距離，すなわち質点の位置の座標 x に比例し，その力はまたこの運動の加速度に比例する．したがって，比例定数を $k>0$ とすれば，x の時刻 t に関する微分の

§1 一点からの距離に比例した引力を受ける物体の運動

条件として,
$$x'' = -kx$$
が得られる. x が正の場合は力は負の方向に, また, x が負の場合は正の方向に働くので, 上記の関係の右辺で負の符号がついているのである.

具体的にするために, 質点の $t=0$ における速度 u を 1 とし, 比例定数 k も 1 として考えよう.

こういう運動を考えることによって, この運動を表している函数
$$x = f(t)$$
に出会うのである.

この函数 $f(t)$ は
$$f''(t) = -f(t)$$
という微分の関係と,
$$f(0) = 0, \quad f'(0) = 1$$
という条件(この種の条件を初期条件という)で定まっていると考えられる.

前章で, 抵抗を受けながらなされる運動を等速度運動を次々につないだ鎖からなる仮想的な運動で近似して, 必要なだけの精密な知識が得られることを示した. 今度もこの $f(t)$ について同様な近似法を適用してみよう.

第5章では運動を表す微分の条件が, その函数自身とその導函数の間の関係に帰着出来たが, 今度は, 函数の第二階の導函数が入って来るので, 前よりやや複雑になる.

そのため,
$$x' = f'(t)$$

という変数 x' に注目しよう．x' は今考えている運動での質点の速度を表している．運動を広い意味に解釈すれば，これも一種の運動であるし，改めてある別の質点を考えて，その位置を表す数が x' となるような，狭い意味での運動を考えることも出来る．

位置が $f(t)$ で表される今までの運動をする質点を A，位置が $f'(t)$ で表される新しい運動をする質点を B と名前をつけておこう．$f'(t)$ と，$f'(t)$ の第二階の導函数 $f'''(t)$ との間には，
$$f'''(t) = -f'(t)$$
という関係が成立している．これは，
$$f''(t) = -f(t)$$
の両辺の導函数をとって得られるが，どちらも同じ型の関係である．したがって，質点 B も A と同様に同じ性能をもったバネに結びつけられているとみなすことが出来る．ただし，$t=0$ のときの初期条件は，$f''(0) = -f(0) = 0$ から，
$$f'(0) = 1, \quad f''(0) = 0$$
で与えられる．つまり質点 B の運動は $t=0$ のとき 1 の位置から（そのときバネはすでに 1 だけ延びている）力を加えずに（速度を与えずに）手を放した場合の運動である．

以下，この二つの運動をそれぞれ近似する等速度運動の鎖を，両者を同時に勘案しながらつくってみよう．

二つの質点 A, B の他に，それぞれ A, B の運動を近似する想像上の質点を A', B' としておく．

$d > 0$ を定めておき，A', B' はともに時刻 $t = 0, d, 2d, \cdots$ で速度を更新して，その間は等速度運動をさせる．$t = 0, d, 2d, \cdots$ における A', B' の位置と，その時刻の間での速度を表にすれば次の通りである．

この表を説明する．まず時刻 0 で，A', B' の位置を A, B と同じく

時刻	A' の位置	A' の速度	B' の速度	B' の位置
0	0			1
		1	0	
d	d			1
		1	$-d$	
$2d$	$2d$			$1-d^2$
		$1-d^2$	$-2d$	
$3d$	$3d-d^3$			$1-3d^2$
		$1-3d^2$	$-3d+d^3$	
$4d$	$4d-4d^3$			$1-6d^2+d^4$
⋮	⋮	⋮	⋮	⋮

それぞれ 0, 1 とする．この 0, 1 を時刻 0, d 間の B', A' のとるべき速度の欄に移すことを示したのがななめの矢線である．次に時刻 d の A', B' の位置が，指定された速度によって，それぞれ d, 1 ときまる．これをまた矢線で時刻 d, $2d$ 間の速度の欄に移すが，A' の速度は B' の位置に等しく，B' の速度は A' の位置に -1 を乗じたものとする．これで，次の時刻 $2d$ の A', B' の位置がそれぞれ $2d$, $1-d^2$ ときまり，以後同じことを繰り返してゆくのである．

m を自然数として，$t=md$ のときの A', B' の位置をそれぞれ a_m, b_m とすれば，
$$a_{m+1} = a_m + db_m$$
$$b_{m+1} = -da_m + b_m$$
となっている．したがって $a_0=0$, $b_0=1$ から出発して，次々に a_m, b_m を求めることが出来るが，問題は，a_n が $f(nd)$ に，b_n が $f'(nd)$ にどれだけ近いかということである．

まず函数 $f(t)$ が，すべての t に対して，
$$f(t)^2 + f'(t)^2 = 1$$

を満足することを示そう．この左辺の函数の導函数は
$$2f(t)f'(t)+2f'(t)f''(t)$$
であるが，$f''(t)=-f(t)$ から，0 となる．したがって，函数 $f(t)^2+f'(t)^2$ は定数であり，$t=0$ の場合を考えて，その定数は $f(0)^2+f'(0)^2=1$ である．

このことから，今考えている運動では，質点の位置を表す数も速度も絶対値が 1 を超えないことがわかる．

$m=0, 1, 2, \cdots$ に対して，$t=md$ における質点 A と A'，B と B' の距離，すなわち，
$$|f(md)-a_m|, \qquad |f'(md)-b_m|$$
の大きさを順次評価してゆく．

まず，$m=0$ のときを考える．$f(0)=0$, $f'(0)=1$, $a_0=0$, $b_0=1$ であるから，$|f(0)-a_0|=|f'(0)-b_0|=0$ である．

次に $m=1$ のときを考える．$0\leqq t\leqq d$ では，質点 A の速度 $f'(t)$ について
$$|f'(t)-1|\leqq d$$
である．これは位置が $f'(t)$ で表される質点 B は $t=0$ で 1 の位置になり，その速度 $f''(t)=-f(t)$ の絶対値が 1 を超えないので，d だけの時間経過の間に d 以上進まないからである．A の速度と 1 との差の絶対値が d を超えないから，0 から d までの d だけの時間経過中に A の進む距離と d との差の絶対値は d^2 を超えない．つまり，
$$|f(d)-d|\leqq d^2$$
が成り立ち，$a_1=d$ であるから，
$$|f(d)-a_1|\leqq d^2$$
となる．

§1 一点からの距離に比例した引力を受ける物体の運動

同様に，$0 \leq t \leq d$ では，質点 B の速度 $f''(t) = -f(t)$ と 0 との差の絶対値は d を超えないので，0 から d までの d だけの時間経過中に B の進む距離と 0 との差の絶対値は d^2 を超えない．したがって，$f'(0) = 1$ から，

$$|f'(d) - 1| \leq d^2$$

が成り立ち，$b_1 = 1$ であるから，

$$|f'(d) - b_1| \leq d^2$$

を得る．以上で $m = 1$ のときは $|f(d) - a_1|$，$|f'(d) - b_1|$ がともに d^2 を超えないことがわかった．

この d^2 は

$$d^2 = d\{(1+d) - 1\}$$

の形に書くことが出来ることに注意して，$m = 2$ の場合を考えよう．

$d \leq t \leq 2d$ の間で，質点 A の速度 $f'(t)$ と $f'(d)$ との差の絶対値は d を超えない．したがって，d から $2d$ までの d だけの時間経過中に，A の進む距離と $df'(d)$ との差は d^2 を超えない．したがって，$t = 2d$ における A の位置 $f(2d)$ と $f(d) + df'(d)$ との差の絶対値も d^2 を超えないのである．つまり，

$$|f(2d) - \{f(d) + df'(d)\}| \leq d^2$$

が成り立つ．これから $a_2 = a_1 + db_1$ を用いて，

$$|f(2d) - a_2| \leq |f(2d) - \{f(d) + df'(d)\}|$$
$$+ |f(d) + df'(d) - (a_1 + db_1)|$$
$$\leq d^2 + |f(d) - a_1| + d|f'(d) - b_1|$$
$$\leq d^2 + (1+d)d\{(1+d) - 1\}$$
$$= d\{d + (1+d)^2 - (1+d)\}$$
$$= d\{(1+d)^2 - 1\}$$

が得られる．

全く同様の考え方で，

$$|f'(2d)-\{f'(d)-df(d)\}| \leqq d^2$$

がいえ，これから，$b_2=b_1-da_1$ を用いて，

$$|f'(2d)-b_2| \leqq d\{(1+d)^2-1\}$$

を得る．

この計算を繰り返せば，どの自然数 m に対しても，

$$|f(md)-a_m|, \quad |f'(md)-b_m|$$

がともに

$$d\{(1+d)^m-1\}$$

を超えないことがわかる．

与えられた $t>0$ に対して，自然数 n をとり，

$$d = \frac{t}{n}$$

として上記の近似を行えば，

$$|f(t)-a_n|, \quad |f'(t)-b_n|$$

がともに，

$$d\{(1+d)^n-1\} < d(1+d)^n = \frac{t}{n}\left(1+\frac{t}{n}\right)^n$$

を超えない．前章で指数函数についてのべたように，

$$\left(1+\frac{t}{n}\right)^n < e^t$$

であるから，$|f(t)-a_n|,\ |f'(t)-b_n|$ はともに，

$$\frac{1}{n}te^t$$

より小さい．n を大きくすれば，a_n, b_n はそれぞれ $f(t), f'(t)$ に収束することがわかる．

以上で，$f(t)$ の値の算出する方法がわかり，この函数との出会いが確かめられたのである．

§1 一点からの距離に比例した引力を受ける物体の運動   169

上記の A', B' の運動を考えることは，A, B の運動のグラフ，すなわち，函数 $f(t), f'(t)$ のグラフを近似する折れ線をつくってゆく

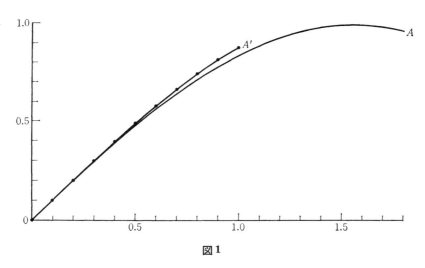

図1

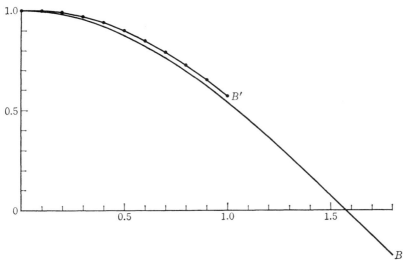

図2

ことに相当する．図1，図2に示したのは，A', B' の運動のグラフの折れ線を途中まで描いたところである．水平座標が時刻を表し，垂直座標が位置を表している．これを描くには，$t=0$ で，A' は 0 から，B' は 1 から出発し，次々に線分を付け加えてゆき，その勾配を，その線分の始点での A', B' の値によって決定してゆくのである．同図にある曲線は，それぞれ，$f(t), f'(t)$ のグラフで，A', B' の運動は $d=0.1$ として考えている．

今度は二つの質点 A, B の運動，およびそれを近似する A', B' の運動を一緒にして見る方法を考えよう．それには，第3章§4で投げられた物体の運動を，水平方向の運動と垂直方向の運動に分解して考えたことを逆にして，水平方向に B と同じ運動を考え，垂直方向に A と同じ運動を考えて，平面内でこの両者を合成した運動をするただ一つの質点を考える．すなわち，座標を定めた平面で時刻 t における質点の位置の座標を

$$(x, y)$$

とし，x, y が

$$x = f'(t)$$
$$y = f(t)$$

で表されるような平面内の運動を考えるのである．

この運動をする質点を C と名付け，これに対応して，各時刻 t において，B' の位置を表す数と，A' の位置を表す数との組で表されるような位置をとる質点 C' の運動を考えれば，C' の運動は質点 C の運動を近似しているはずである．図3は $d=0.1$ とした場合の質点 C' の運動の軌道を描いたものである．$t=0, 0.1, 0.2, \cdots$ のそれぞれの間では，B' も A' も等速度運動をしているので，C' も同様でその軌道は直線となる．したがって，この運動の軌道は平面の折れ線である．図の中に添えた数値は，各点を通るときの時刻を示して

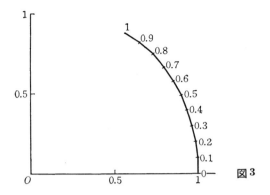

図3

いる.

　図3の折れ線の軌道をもつ運動をもう少し詳しく調べてみよう. $t=md$ での A', B' の位置を表す数を前の通りそれぞれ a_m, b_m とすれば, $t=md$ における質点 C' の位置は

$$(b_m, a_m)$$

で表され, 時間が d だけ経過した後の位置は (b_{m+1}, a_{m+1}), すなわち,

$$(b_m - da_m, a_m + db_m)$$

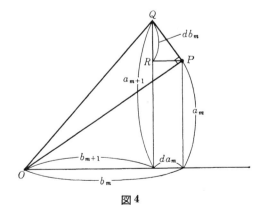

図4

で表される．

図4で，この二つの点をそれぞれ P, Q とし，P を通る水平線と Q を通る垂直線との交点を R とすれば，線分 PR の長さは da_m，線分 QR の長さは db_m に等しい．したがって，ピタゴラスの定理によって，

$$\text{線分 } PQ \text{ の長さの平方} = d^2(a_m^2 + b_m^2)$$
$$\text{線分 } OP \text{ の長さの平方} = a_m^2 + b_m^2$$
$$\begin{aligned}\text{線分 } OQ \text{ の長さの平方} &= a_{m+1}^2 + b_{m+1}^2 \\ &= (b_m - da_m)^2 + (a_m + db_m)^2 \\ &= (1+d^2)(a_m^2 + b_m^2)\end{aligned}$$

となるので，三角形 OPQ は三辺の比が

$$1, \quad d, \quad \sqrt{1+d^2}$$

となるような直角三角形で，$\angle OPQ$ が直角であることがわかる．

このことから，この質点の運動の軌道を描くのに，相似な直角三角形を次々に積みあげてゆけばよいことがわかる．その様子は図5の通りである．図で，(1)と記した三角形の斜辺を一辺として(2)と記した相似三角形を描き，同様に(3), (4), … を描き加えるのである．

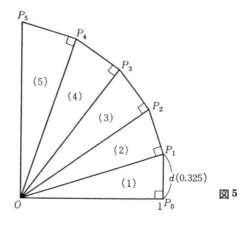

図5

§1 一点からの距離に比例した引力を受ける物体の運動

この図では，三角形(1)における長さ1の辺と長さ $\sqrt{1+d^2}$ の辺のなす角をちょうど直角の五分の一としたから，三角形(5)の斜辺は O を通る垂直線に重っているのである．$P_0, P_1, P_2, \cdots$ はそれぞれ，この運動での $t=0, d, 2d, \cdots$ における位置を表している．

この最後の直角三角形の斜辺の長さ，つまり OP_5 の長さは
$$(1+d^2)^{\frac{5}{2}}$$
である．

同様に，自然数 n に対して，長さ1の辺と斜辺の間のなす角が直角の n 分の一となるような直角三角形の，その角の対辺の長さを d_n とし，$d=d_n$ とした場合の軌道を考える．$t=0, d_n, 2d_n, \cdots$ の時の位置を表す点を $P_0, P_1, P_2, \cdots$ とすれば，P_n は O の真上に来て，OP_n の長さは
$$(1+d_n^2)^{\frac{n}{2}}$$
で与えられる．この長さは，n を充分大きくとれば，いくらでも1に近づくことを確かめよう．

図5で見る通り，d_n は，直角の $\dfrac{1}{n}$ の角度が半径1の円周を切りとる部分の長さ $\dfrac{\pi}{2n}$ より大きいことが直観されるが，n が充分大きいときその2倍，すなわち $\dfrac{\pi}{n}$ を超えないことは明らかであろう．したがって $\pi<4$ を用いて
$$d_n < \frac{4}{n}$$
と考えてよい．そこで
$$(1+d_n^2)^{\frac{n}{2}} < \left(1+\frac{16}{n^2}\right)^{\frac{n}{2}} = \left\{\left(1+\frac{16}{n^2}\right)^{n^2}\right\}^{\frac{1}{2n}}$$
となるが，第5章§3でのべた不等式
$$\left(1+\frac{t}{n}\right)^n < e^t$$

から
$$\left(1+\frac{16}{n^2}\right)^{n^2} < e^{16}$$
がいえ，
$$(1+d_n{}^2)^{\frac{n}{2}} < e^{\frac{8}{n}}$$
を得る．この右辺は，n を大きくすれば，限りなく1に近づくのである．

n を非常に大きくとって，そのときの d_n を用いて，上記の平面運動を考えると，質点 C の運動，すなわち，時刻 t における位置が
$$(f'(t), f(t))$$
で表される運動を近似しているはずである．この折れ線の軌道をもつ運動は，$t=nd_n$ まで，原点を中心とする半径1の円周の n 等分点の近くの点をほぼ同じ時間の間隔で通過してゆくものである．それが近似するはずの C の運動は上記の円周上を同じ速さで動く運動であると推量される．

この推量をもう少しはっきりさせてみよう．

質点 A は $t=0$ のとき0の位置にあり，初速度1で正の方向に進み，以後次第に速さを減じて，1の位置より先へは行かない．ある時刻に A の速度が0になってその後あともどりして来ることは次のようにして確かめられる．A が $t=t_0$ のとき $a>0$ の位置にあるとして，その瞬間にバネに細工をしてそのあと A が正の方向に進む間，A に働く力がバネが a だけ延びたときの力のままであるとする．その場合は時刻 t_0 以後の運動は，等加速度運動になる．したがって質点の位置は t の二次関数で表され，物を真上に投げ上げたときの運動と同様に，あるところまで進んで，速度が0となって，その後あともどりして来る．バネに細工をしなければ，質点 A は

§1 一点からの距離に比例した引力を受ける物体の運動

時刻 t_0 以後, 正の方向に進んでいる限りもっと大きい力で負の方向に引かれることになるから, 当然より早く速度が0となってあともどりするのである.

$f'(t)$ が最初に0となる t の値を T で表すことにする. $t=T$ のとき,

$$f(T)^2+f'(T)^2=1$$

から, $f(T)=1$ となることがわかる. 質点 A はちょうど1の位置まで進んでひき返すのである. A の速さは常に1より小さくて, 0から1の位置まで進むのであるから, それに要する時間 T は当然1より大きい.

時刻 T 以後の質点 A の運動は, T から $2T$ の間, 0から T までの運動を裏返したものになっている. ゆきに次第に失っていった速さを, 帰りに同じ割合でとりもどして来るので, $0<t<T$ に対して, A の時刻 $T+t$ における位置は $T-t$ における位置と同じになるはずである. このことをもっとはっきりさせるために, 質点の時刻 t における位置が $f(T+t)$ および $f(T-t)$ で表される運動を考える. その二回微分したものは, それぞれ

$$f''(T+t), \quad f''(T-t)$$

($f(T-t)$ については, これを t について微分すれば, $-f'(T-t)$ となり, もう一度微分すれば, $f''(T-t)$ となる) であるから, どちらの函数も二回微分したものがもとの函数に -1 を乗じたものになっている. したがってこの二つの函数で表される運動も, 質点 A が結びつけられているバネと同じ性能のバネに結びつけられてなされる運動である. ところがどちらも $t=0$ における位置は $f(T)=1$ であり, 速度は $f'(T)=-f'(T)=0$ である. したがって, $f'(t)$ と同じ初期条件をもつ運動であるから, すべての t に対して

$$f(T+t)=f(T-t)=f'(t)$$

が成立している．

このことから，$t=2T$ のとき，質点 A は再び 0 の位置に帰り，その時の速度は，上の関係を微分すれば，
$$f'(T+t) = -f'(T-t)$$
となる．ここで $t=T$ とおいて
$$f'(2T) = -f'(0) = -1$$
となることがわかる．したがって，時刻 $2T$ 以後の A の運動は時刻 0 から $2T$ までの運動をそのまま逆の方向に行なうもので，
$$f(2T+t) = -f(t)$$
となっている．したがって，
$$f(4T+t) = -f(2T+t) = f(t)$$
となり，質点 A の運動は $4T$ を周期とする周期運動であり，函数 $f(t)$ は $4T$ を周期とする周期函数である．

以上のことから，座標を定めた平面の中で，時刻 t における位置が
$$(f'(t), f(t))$$
で表されるような質点 C は，図6で示すように，時刻 $t=0, T, 2T, 3T$ において，それぞれ，$(1,0), (0,1), (-1,0), (0,-1)$ を通り，原

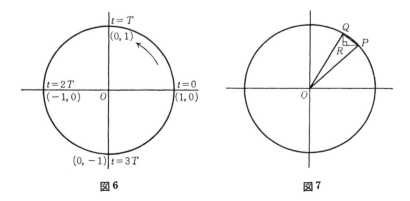

図6　　　　　　　図7

§1 一点からの距離に比例した引力を受ける物体の運動　　　177

点を中心とする半径 1 の円周を正の方向(時計の回るのと反対の方向)に $4T$ の時間でひと回りする．したがって，$f(t), f'(t)$ で表される運動は，円周上を同じ速さでまわる質点の座標軸上に落とした影の運動と考えることが出来る．

質点 C の円周上の回転運動の円周にそっての速さが 1 であることを確かめよう．

図 7 のように，時刻 t のとき，質点 C が点 P にあり，t の微小な変化量 Δt に対する時刻 $t+\Delta t$ のとき Q にあるとする．Δt が充分小さいときは，弧 PQ の長さはほぼ線分 PQ の長さに等しい．P を通る水平線と Q を通る垂直線の交点を R とすれば，線分 QR の長さは
$$|f(t+\Delta t) - f(t)|$$
に等しく，これはほぼ
$$|f'(t)|\Delta t$$
に等しい．また線分 PR の長さは
$$|f'(t+\Delta t) - f'(t)|$$
に等しく，これはほぼ，
$$|f''(t)|\Delta t = |f(t)|\Delta t$$
に等しい．したがって，線分 PQ の長さは直角三角形 PQR にピタゴラスの定理を適用すれば，ほぼ
$$|f(t)|^2(\Delta t)^2 + |f'(t)|^2(\Delta t)^2 = (\Delta t)^2$$
の平方根すなわち Δt に等しくなる．これがまた，ほぼ Δt だけの経過時間に C が円周上を進んだ弧 PQ の長さに等しいので，C の円周にそった速さが 1 であることがわかる．

このことから，今まで T で表していた値が実は

$$T = \frac{\pi}{2}$$

であることがわかり，はじめに考えたバネに結びつけられた質点の運動は，周期 2π の周期運動で，1 と -1 の位置の間の往復運動であることがわかった．

§2 三角函数

前節で，バネに結びつけられた物体の運動を考えて出会った函数 $f(t)$ は正弦函数といわれ，

$$f(t) = \sin t$$

で表す．またその導函数 $f'(t)$ は余弦函数といわれ，

$$f'(t) = \cos t$$

で表す．$f''(t) = -f(t)$ であるから，$\cos t$ の導函数は $-\sin t$ である．

$\sin(-t)$ を微分すれば，$-\cos(-t)$ となり，それをまた微分すれば，$-\sin(-t)$ となる．時刻 t における質点の位置が $\sin(-t)$ で表されるような運動も，前と同じ性能のバネに結びつけられた運動である．$t=0$ における，質点の位置と速度が，それぞれ，$0, -1$ であるから，$f(t) = \sin t$ で表される運動を逆向きにした運動であり，すべての $t>0$ に対して，

$$\sin(-t) = -\sin t$$

が成り立つことがわかる．また同様の考えによって，すべての $t>0$ において

$$\cos(-t) = \cos t$$

となる．以上のことから，$\sin t, \cos t$ は $t>0$ ばかりでなく，負の値を含めたすべての t に対して考えることが出来るのである．

また，

§2 三角函数

$$\tan t = \frac{\sin t}{\cos t}$$

と書き，これを正接函数という．ただしこの $\tan t$ は $\cos t$ が 0 になる t の値を除外して考えるのである．その除外値は前節でのべた

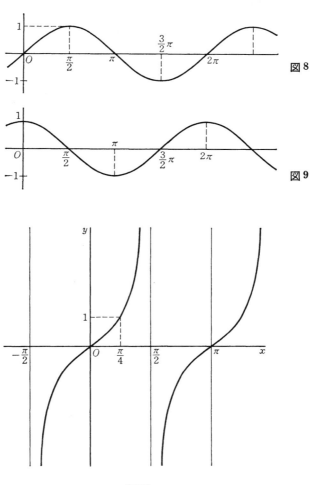

図 8

図 9

図 10

原点を中心とする半径 1 の円周上を正の方向に回転する質点 C が垂直軸上に来る時刻で，$\dfrac{\pi}{2}$ の奇数倍の値である．

図8, 図9, 図10 は，$\sin t$, $\cos t$, $\tan t$ のグラフを示したものである．$\sin t$, $\cos t$ の周期は 2π であるが，
$$\sin(t+\pi) = -\sin t, \quad \cos(t+\pi) = -\cos t$$
となるので，
$$\tan(t+\pi) = \tan t$$
となり，$\tan t$ の周期は 2π の半分の π になっている．

前節で考えたバネに結びつけられた質点の運動において，時刻 t における質点の位置を x とすれば，x は t に関する微分の条件
$$x'' = -x$$
で表される特性をもつが，$t=0$ のときの初期条件を
$$x = a, \quad x' = b$$
とすれば，
$$x = a\cos t + b\sin t$$
で表される．いいかえれば，この初期条件のもとでの上記の微分方程式 $x''=-x$ の解がこの x で与えられるのである．

実際，右辺の函数 $a\cos t + b\sin t$ を微分すれば，
$$-a\sin t + b\cos t$$
となり，それをまた微分すれば
$$-a\cos t - b\sin t$$
となる．したがってこの函数が上記の微分の条件を満足していることがわかる．$t=0$ のときの函数値は
$$a\cos 0 + b\sin 0 = a$$
となり，また導函数の値は
$$-a\sin 0 + b\cos 0 = b$$

となる．バネに結びつけられた運動は $t=0$ のときの質点の位置とそのとき与える速度で定まるので，x がこの函数で表されるのである．

定数 s によって，t の函数
$$\sin(s+t)$$
を考えると，これも上記の微分方程式 $x''=-x$ を満足している．$t=0$ における値が $\sin s$ で，導函数 $\cos(s+t)$ の $t=0$ の値が $\cos s$ であるから，この初期条件のもとでの微分方程式の解として，上にのべたことから，
$$\sin(s+t) = \sin s \cos t + \cos s \sin t$$
が得られる．これは，二数 s,t の和での $\sin$ の値が s,t における $\sin,\cos$ の値の演算の組合せで与えられることを示している．

同様に，s を定数として，t の函数
$$\cos(s+t)$$
を考えると，その初期条件を考えて，
$$\cos(s+t) = \cos s \cos t - \sin s \sin t$$
が得られる．

$\sin t$, $\cos t$, $\tan t$ あるいは，これらから演算の組合せで得られる函数を総称して三角函数という．

三角函数は，数値間の事実的な対応としては，古代から土地の測量，天体の観測，航海術などに用いられ，函数値の表も作られていた．ただし図 11 の直角三角形 ABC において，$\angle BAC$ の大きさを表す数値から辺の比

$$\frac{BC \text{ の長さ}}{AB \text{ の長さ}}, \quad \frac{AC \text{ の長さ}}{AB \text{ の長さ}}, \quad \frac{BC \text{ の長さ}}{AC \text{ の長さ}}$$

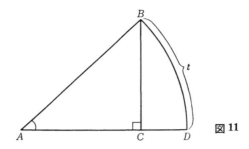

図 11

への対応として考えられていて，この順序でそれぞれ，$\angle BAC$ の正弦，余弦，正接と呼んだ．角度をはかるには，1 回転の角度を 360 度とする単位が用いられていて，それは現在でも使われているが，近代の数学では，角度を半径 1 の円周上の弧の長さではかる習慣になっている．図 11 で線分 AB の長さが 1 のとき，A を中心とする円弧 DB の長さを t とすれば，$\angle BAC$ をはかった数値を t とするのである．このとき，上記の三つの比の値は，それぞれこの節で考えた函数の値

$$\sin t, \quad \cos t, \quad \tan t$$

になっている．

また従来，$\sin t, \cos t, \tan t$ の他に（記号の過剰であるが）

$$\operatorname{cosec} t = \frac{1}{\sin t}, \quad \sec t = \frac{1}{\cos t}, \quad \cot t = \frac{1}{\tan t}$$

の記法も行われている．

§3 三角函数の多項式による近似

前章の §3 において，t の函数 e^t を t の冪級数の極限として表したが，$\sin t, \cos t$ についても同様のことを考えよう．

$\sin t$ を次々に微分すれば，

$$\sin t, \quad \cos t, \quad -\sin t, \quad -\cos t, \quad \sin t, \quad \cdots$$

§3 三角函数の多項式による近似

となり，また，$\cos t$ を次々に微分したものは $\sin t$ を微分したものの二番目からのもので，

$$\cos t, \ -\sin t, \ -\cos t, \ \sin t, \ \cos t, \ \cdots$$

となる．どちらも第四階の導函数がもとと同じになる．

これらの導函数の $t=0$ の値は，$\sin t$ では，

$$0, \ 1, \ 0, \ -1, \ 0, \ \cdots$$

であり，$\cos t$ では，

$$1, \ 0, \ -1, \ 0, \ 1, \ \cdots$$

となる．

自然数 $m=0, 1, 2, \cdots$ に対して，t の多項式 $P_m(t), Q_m(t)$ を

$$P_m(t) = t - \frac{1}{3!}t^3 + \frac{1}{5!}t^5 - \cdots + \frac{(-1)^{m+1}}{(2m-1)!}t^{2m-1},$$

$$Q_m(t) = 1 - \frac{1}{2!}t^2 + \frac{1}{4!}t^4 - \cdots + \frac{(-1)^m}{(2m)!}t^{2m}$$

とすれば，$\sin t$ と $P_m(t)$ とは $t=0$ における値が第 $2m-1$ 階の導函数まで一致していること，また $\cos t$ と $Q_m(t)$ とは $t=0$ における値が第 $2m$ 階の導函数まで一致していることが容易に確かめられる．(函数自身をその第 0 階の導函数ということがある.)

したがって，t の函数

$$\sin t - P_m(t)$$

は，$t=0$ において，その第 $2m-1$ 階の微分係数まで 0 であり，その第 $2m$ 階の導函数は，$P_m(t)$ の方は 0 になるので，$\sin t$ の導函数と同じで，

$$(-1)^m \sin t$$

に一致している．これも $t=0$ のとき 0 となり，その導函数，つまり，$\sin t - P_m(t)$ の第 $2m+1$ 階の導函数は

$$(-1)^m \cos t$$

である.

　したがって，t の函数 $\sin t - P_m(t)$ は $t=0$ において第 $2m$ 階の導函数まで 0 になり，第 $2m+1$ 階の導函数の絶対値は $|\cos t|$ で常に 1 を超えない．そこで，前章 §3 で一般的に確かめたことにより，

$$|\sin t - P_m(t)| \leq \frac{|t|^{2m+1}}{(2m+1)!}$$

が成り立つのである．すなわち，$\sin t$ は，どの t に対しても，m を限りなく大きくしたときの $P_m(t)$ の極限になっている．いいかえれば，$\sin t$ は

$$t - \frac{1}{3!}t^3 + \frac{1}{5!}t^5 - \cdots + \frac{(-1)^{m+1}}{(2m-1)!}t^{2m-1} + \cdots$$

という，すべての t で収束する冪級数によって表されるのである．

　同様に，t の函数

$$\cos t - Q_m(t)$$

は，$t=0$ において，その第 $2m+1$ 階の導函数まで 0 になり，第 $2m+2$ 階の導函数は

$$(-1)^{m+1} \cos t$$

で，その絶対値は，常に 1 を超えない．したがって，

$$|\cos t - Q_m(t)| \leq \frac{|t|^{2m+2}}{(2m+2)!}$$

が成立し，$\cos t$ は

$$1 - \frac{1}{2!}t^2 + \frac{1}{4!}t^4 - \cdots + \frac{(-1)^m}{(2m)!}t^{2m} + \cdots$$

という，すべての t で収束する冪級数によって表されるのである．

　§1 では，$t>0$ に対して自然数 n を定め，$d=\dfrac{t}{n}$ として，$f(t)=\sin t$ と $f'(t)=\cos t$ の値がそれぞれ a_n, b_n で近似されることを確

かめた．この a_n, b_n は，$a_0=0, b_0=1$ から $m=0, 1, 2, \cdots, n-1$ に対して，
$$a_{m+1} = a_m + db_m$$
$$b_{m+1} = -da_m + b_m$$
によって順次に求められるもので，a_n, b_n は d の多項式であり，$d=\dfrac{t}{n}$ とすれば t の多項式になる．

a_n, b_n がどのような t の多項式になるかを求める詳細は省略するが，結果は次のようになる．

$$a_n = t - \frac{1}{3!}\left(1-\frac{1}{n}\right)\left(1-\frac{2}{n}\right)t^3$$
$$+ \frac{1}{5!}\left(1-\frac{1}{n}\right)\left(1-\frac{2}{n}\right)\left(1-\frac{3}{n}\right)\left(1-\frac{4}{n}\right)t^5 - \cdots$$
$$b_n = 1 - \frac{1}{2!}\left(1-\frac{1}{n}\right)t^2 + \frac{1}{4!}\left(1-\frac{1}{n}\right)\left(1-\frac{2}{n}\right)\left(1-\frac{3}{n}\right)t^4 - \cdots.$$

a_n の方は t の奇数乗の項の係数が交互に正負となって，n を超えない最大の奇数の項までつづき，b_n の方は t の偶数乗の項の係数が交互に正負となって，n を超えない最大の偶数までつづくのである．したがって，a_n, b_n ともに t の n 次以下の多項式であるが，その係数は，n を大きくすることによって，それぞれ上記の $\sin t$, $\cos t$ を表す冪級数の対応する係数に近づくことがわかる．

§4 三角函数の逆函数

変数 x の函数 $y = \sin x$ は x の範囲
$$-\frac{\pi}{2} \leqq x \leqq \frac{\pi}{2}$$
で増加函数となり，x が $-\dfrac{\pi}{2}$ から $\dfrac{\pi}{2}$ まで変るとき，y の値は -1 から 1 まで変る．したがって，

$$-1 \leqq y \leqq 1$$

の範囲の y で，$y=\sin x$ の逆函数で，$-\dfrac{\pi}{2}$ と $\dfrac{\pi}{2}$ の間の値をとるものが考えられる．これを

$$x = \arcsin y$$

で表す．

図12は，$y=\sin x$ のグラフ（点線）と $x=y$ に対応する直線に関して対称の位置にある $y=\arcsin x$ のグラフを示したものである．

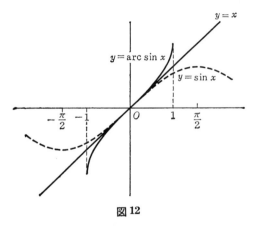

図12

$y=\sin x$ を x で微分すれば，

$$\frac{dy}{dx} = \cos x$$

となり，$-\dfrac{\pi}{2} \leqq x \leqq \dfrac{\pi}{2}$ では $\cos x \geqq 0$ であるから，$\cos x = \sqrt{1-\sin^2 x}$ となるので，

$$\frac{dy}{dx} = \sqrt{1-y^2}$$

となる．したがって，$x = \arcsin y$ を y で微分すれば，

$$\frac{dx}{dy} = \frac{1}{\dfrac{dy}{dx}} = \frac{1}{\sqrt{1-y^2}}$$

となる．

y を改めて x と書けば，$-1 \leqq x \leqq 1$ の範囲で考える x の函数 $\arcsin x$ の導函数が

$$\frac{1}{\sqrt{1-x^2}}$$

である．

第4章の§6において，半径1の円の円周の四分の一の長さ $\dfrac{\pi}{2}$ が，積分

$$\int_0^1 \frac{1}{\sqrt{1-x^2}} dx$$

で表されることをのべたが，積分される函数が $\arcsin x$ の導函数であることから，

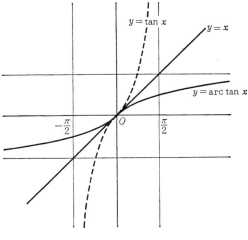

図 13

$$\int_0^1 \frac{1}{\sqrt{1-x^2}}dx = \Big[\arcsin x\Big]_0^1 = \frac{\pi}{2} - 0 = \frac{\pi}{2}$$

となるのである．

次に，$y=\tan x$ の逆函数を考えよう．前節でのべたように $\tan x$ は $\frac{\pi}{2}$ の奇数倍の値を除外して考える函数である．π を周期とし，§2図10で示したように，x の範囲

$$-\frac{\pi}{2} < x < \frac{\pi}{2}$$

において増加函数で，その間にすべての数の値をとる．したがってすべての y で考えられる逆函数が考えられる．これを

$$x = \arctan y$$

で表す．

図13は，$y=\tan x$ のグラフ（点線）と $y=x$ に対応する直線に関して対称となる $y=\arctan x$ のグラフを示したものである．

$y=\tan x$ を x で微分すれば，

$$\frac{dy}{dx} = \frac{d}{dx}\left(\frac{\sin x}{\cos x}\right) = \frac{\cos x}{\cos x} + \frac{\sin^2 x}{\cos^2 x} = 1 + y^2$$

となるので，$x=\arctan y$ を y で微分すれば，

$$\frac{dx}{dy} = \frac{1}{\frac{dy}{dx}} = \frac{1}{1+y^2}$$

となり，この y を改めて x と書けば，$\arctan x$ の導函数が x の有理函数

$$\frac{1}{1+x^2}$$

となることがわかる．

§4 三角函数の逆函数

このことを用いて，$|x|<1$ の範囲で $\arctan x$ を表す冪級数を求めよう．

まず，
$$\frac{1}{1+x^2}-(1-x^2+x^4-\cdots+(-1)^n x^{2n})=\frac{(-1)^{n+1}x^{2(n+1)}}{1+x^2}$$

であり，$\arctan 0=0$ であるから，
$$\arctan x=\int_0^x \frac{1}{1+t^2}dt$$

と書くことが出来る．

そこで，
$$\arctan x-\left(x-\frac{1}{3}x^3+\frac{1}{5}x^5-\cdots+\frac{(-1)^n}{2n+1}x^{2n+1}\right)$$
$$=\int_0^x \left\{\frac{1}{1+t^2}-(1-t^2+t^4-\cdots+(-1)^n t^{2n})\right\}dt$$
$$=\int_0^x \frac{(-1)^{n+1}t^{2(n+1)}}{1+t^2}dt$$

となり，最後の積分の絶対値は
$$\int_0^{|x|} t^{2n+2}dt=\frac{1}{2n+3}|x|^{2n+3}$$

を超えない．したがって，$|x|\leqq 1$ の範囲で，
$$\left|\arctan x-\left(x-\frac{1}{3}x^3+\frac{1}{5}x^5-\cdots+\frac{(-1)^n}{2n+1}x^{2n+1}\right)\right| \leqq \frac{|x|^{2n+3}}{2n+3}$$
$$\leqq \frac{1}{2n+3}$$

が成り立ち，$|x|\leqq 1$ では $\arctan x$ は x の冪級数
$$x-\frac{1}{3}x^3+\frac{1}{5}x^5-\cdots+\frac{(-1)^n}{2n+1}x^{2n+1}+\cdots$$

の極限で表されるのである．

特に $x=1$ とすれば，$\arctan 1 = \dfrac{\pi}{4}$ $\left(\sin\dfrac{\pi}{4}=\cos\dfrac{\pi}{4}=\dfrac{1}{\sqrt{2}}\right.$ であるから $\tan\dfrac{\pi}{4}=1\right)$ であるから，$\dfrac{\pi}{4}$ が級数

$$1-\dfrac{1}{3}+\dfrac{1}{5}-\dfrac{1}{7}+\cdots$$

の極限になっていることがわかる．

この級数が $\dfrac{\pi}{4}$ に近づいてゆく近づき方はかなり遅く，多くの項まで計算しなければよい近似値は得られない．$1-\dfrac{1}{3}+\dfrac{1}{5}$ のように正の項で終れば，$\dfrac{\pi}{4}$ より大きく，$1-\dfrac{1}{3}+\dfrac{1}{5}-\dfrac{1}{7}$ のように負の項で終れば，$\dfrac{\pi}{4}$ より小さくなる．$+\dfrac{1}{21}$ のところまで計算してみれば，

$$4\left(1-\dfrac{1}{3}+\dfrac{1}{5}-\dfrac{1}{7}+\cdots-\dfrac{1}{19}+\dfrac{1}{21}\right) = 3.2323\cdots$$

である．

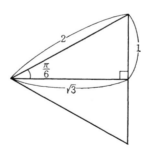

図 14

$\arctan x$ を表す上記の冪級数を利用して π の近似値を求めるには，$x=1$ とするより，例えば $x=\dfrac{1}{\sqrt{3}}$ とする方が有効である．図 14 に示した正三角形の頂角は $60°$，すなわち $\dfrac{\pi}{3}$ であるから，その二等分線を引いて，図でわかる通り，

$$\tan\dfrac{\pi}{6} = \dfrac{1}{\sqrt{3}}$$

となるから，
$$\arctan \frac{1}{\sqrt{3}} = \frac{\pi}{6}$$
である．

冪級数の x^{21} までの項によって近似すれば，
$$\left| \frac{\pi}{6} - \left(\frac{1}{\sqrt{3}} - \frac{1}{3}\left(\frac{1}{\sqrt{3}}\right)^3 + \frac{1}{5}\left(\frac{1}{\sqrt{3}}\right)^5 - \cdots + \frac{1}{21}\left(\frac{1}{\sqrt{3}}\right)^{21}\right) \right| \leq \frac{1}{23}\left(\frac{1}{\sqrt{3}}\right)^{23}$$
となり，これを 6 倍すれば，
$$\left| \pi - 2\sqrt{3}\left(1 - \frac{1}{3}\left(\frac{1}{3}\right) + \frac{1}{5}\left(\frac{1}{3}\right)^2 - \cdots + \frac{1}{21}\left(\frac{1}{3}\right)^{10}\right) \right| \leq \frac{2\sqrt{3}}{23}\left(\frac{1}{3}\right)^{11}$$
を得るが，この右辺は 0.00000085 位の数で，左辺の第二項はかなりよい π の近似値を与えるはずである．実際にこれを計算すると約

$$3.1415933$$

となる．実際の π は
$$\pi = 3.1415926535\cdots$$
である．

練習問題

1. 時刻 t のときの質点の座標が $x=f(t)$ で表される直線上の運動を考えよう．正の定数 k に対して，$x''=-kx$ が成立するとき，f はどんな函数となるか．($k=1$ の場合を参照せよ．)

2. 定点 O に一端を結び付けたバネの他端に微小な物体（質点）が吊り下げられ，k だけ伸びて釣合っている．これを下方へなお a だけ引き下げて手を放したとき，質点はどんな運動をするか．$t=0$ のとき手を放し，時刻 t における質点の座標 x は O を原点とし，下方を正の方向とした座

標で与え，バネの比例定数を §1 で考えたものと同じ 1 であるとする．（重力の定数が k となることに注意．$x=f(t)+k$ とおいて f を求めよ．）

3. x が t の函数で $x''=-x$ を満足するとき，定数 r, c ($r \geqq 0$) があって，$x=r\sin(c+t)$ と表されることを示せ．

4. 二数 a, b に対して，$\tan(a+b)$ を $\tan a$ と $\tan b$ で表せ．($a, b, a+b$ は $\dfrac{\pi}{2}$ の奇数倍でないとする．)

5. $\cos 3t$ を $\cos t$ の多項式で，$\sin 3t$ を $\sin t$ の多項式で表せ．

6. $0 \leqq x \leqq \dfrac{\pi}{2}$ となる x に対して，$x \geqq \sin x \geqq \dfrac{2}{\pi} x$ となることを確かめよ．

7. a を正の定数とし，$|x| \leqq a$ で考えた x の函数 $f(x)$ で，$f(0)=0$，$f'(x)=\sqrt{a^2-x^2}$ となるものを，平方根と arcsin を用いて表せ．($\arcsin \dfrac{x}{a}$ と $x\sqrt{a^2-x^2}$ の導函数を求め，それを利用せよ．)

第7章
惑星の運動

　この章では，近代の数学，物理学に重要な契機となったケプラー (Kepler, 1571-1630) の惑星の運動に関する説と，ニュートンの万有引力によるその説明についてのべる．

§1　ケプラーの法則と万有引力

　ケプラーは，その師ティコ・ブラエ(Tycho Brahe, 1546-1601)の残した膨大な惑星の観測データから，惑星が太陽を焦点とする楕円の軌道を描いて，一定の規則にかなった速さで運行するとすれば，観測結果に非常によく合うことを発見した．古代から惑星の運行の法則を求めることに関心が払われていたが，皆円周上の等速運動を規準として考え，ただ一つの円周上の運動では実測結果と合わないので，次のような工夫をした．図1のように，O を中心とする円周

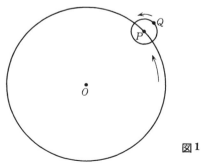

図1

上を等速度で運動する点 P を考える．P を中心とする小円も P にともなって動き，その小円の周上の点 Q は P のまわりに等速度で運動するとして，この Q の運動が惑星の運動であるとするのである．これでも実測結果と合わない場合は，さらに Q を中心とする小円とその円周上を Q のまわりに等速運動をする点を考えるという具合にする．

惑星の運動について円でない曲線をとり上げたのはケプラーが最初であった．当時あまりかえりみられなかった古代ギリシアのアポロニウスの円錐曲線についての結果を適用したのである．

ケプラーは太陽のまわりをまわる惑星の運動について次の三つのことを主張した．これがケプラーの第一，第二，第三法則と呼ばれるものである．ここでは太陽も惑星も質点とみなして考えている．

(1) 惑星の運動の軌道は図2で示した楕円である．それは座標を定めた平面において，第2章§3でのべたように，点の座標 (x, y) についての条件

$$\frac{x^2}{a^2} + \frac{y^2}{b^2} = 1$$

に対応する曲線である．a, b は $a \geqq b$ となる正の定数とする．

この楕円が水平軸と垂直軸とで交わる交点をそれぞれ A, B とし，B から a の距離にある水平軸上の二点を F, F' とする．この F と F' をこの楕円の'焦点'という．楕円上のどの点 P に対しても，線分 PF と PF' の長さの和が $2a$ になることが容易にわかる（第2章の問題5）．

太陽がこの焦点に位置しているというのがケプラーの主張である．

(2) 図2と同じ図3の楕円で，太陽が焦点 F にあって，惑星が

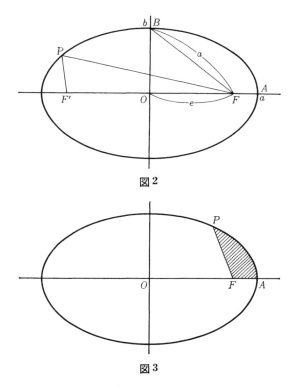

図2

図3

この楕円上をまわるとき,時刻 t のときの惑星の位置を P とする.惑星は楕円上の定点 A に対して FA, FP ではさまれる部分(図で斜線で示した)の面積が t の一次関数となるように運動する.このことをケプラーは面積速度一定であるとのべている.

(3) 惑星が楕円軌道を一周するのに要する時間を T とする.惑星が太陽に最も近づくときと,最も遠くなるときの,太陽との距離の平均,すなわち,上記の a に対して,

$$\frac{T^2}{a^3}$$

がどの惑星に対しても一定である．

　ニュートンの万有引力の仮説は，二つの物体の間には引力が働くというもので，その引力の大きさは，物体間の距離を r，物体の質量を m_1 と m_2 とすれば，どの物体に対しても一定の数 k によって

$$\frac{km_1m_2}{r^2}$$

で表せるというのである．

　後に §4 で確かめるように，二つの球状で均質な物質からなる物体の場合には，その物体間に働く引力はそれぞれの球の中心に全質量が集ったと考え，その中心間の距離を r として考えればよい．

　地球と地上の物体の間に働く力について上記のことを適用してみよう．物体の地表からの距離は地球の半径にくらべて無視出来るほどに小さい．したがって，この場合の r はほぼ地球の半径に等しく一定であり，地球の質量も一定であるから，物体に地球から及ぼす力はその物体の質量に比例する．このことは第3章でのべたことがこの万有引力の説に適応していることを示している．

　惑星と太陽とをともに質点とみなし，惑星の運動がケプラーの法則(1)と(2)を満足しているとする．このとき次節で確かめるように，その加速度が，そのときの惑星の位置から太陽の方向に向い，大きさが太陽と惑星の間の距離の平方に反比例していることがわかる．

　その比例定数がどんな数になるかということと，(3)の条件から，太陽と惑星の間に働く引力が，惑星の質量に比例していることが確かめられ，ケプラーの法則も万有引力の説に適合していることがわかるのである．

§2 ケプラーの法則に従う惑星の運動の加速度の計算

質点とみなした惑星が図4で示した楕円の周上を動き，その焦点の一つ O に太陽(やはり質点とみなす)があり，惑星は点 O に対して面積速度一定の運動をしているとして，その加速度を求めてみよう．この楕円は，図2，図3のものと同じ，長軸が a, 短軸が b の楕円である．計算の便宜上，座標の原点をその焦点 O にとり，水平軸は前と同じ直線とする．この楕円の中心で，図2，図3で原点とした点を O' とし，O' を通る垂直線が上方で楕円と交わる点を B とする．そのとき直角三角形 $BO'O$ において，BO' の長さが b, BO の長さが a であるから，ピタゴラスの定理によって，OO' の長さ e は

$$e^2 = a^2 - b^2$$

で与えられる．

楕円の周上の点 P の座標を (x, y) とすれば，O' を原点とするもとの座標では，P は

$$(x+e, y)$$

で表される．したがって，点 (x, y) がこの楕円の周上にある条件は

$$\frac{(x+e)^2}{a^2} + \frac{y^2}{b^2} = 1$$

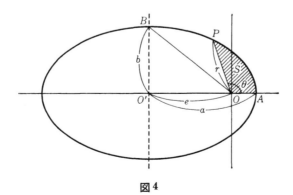

図4

で表される．

　時刻 t のときの惑星の位置が P で，その座標を (x, y) とすれば，変数 x, y はともに t の函数である．OP の長さを r で表し，水平軸と楕円の交点で，O の右側にある点を A とし，OA から正の方向に測った $\angle POA$ の大きさを θ とする．この θ は O を中心とする半径 1 の円周から直線 OA と直線 OP が切りとる弧の長さである．この r, θ も t の函数となる変数で，x, y, r, θ の間には，

$$x = r\cos\theta, \quad y = r\sin\theta, \quad r^2 = x^2 + y^2$$

の関係がある．

　まず，x と y との間の関係，

$$\frac{(x+e)^2}{a^2} + \frac{y^2}{b^2} = 1$$

から，r と θ の間に成り立つ関係を導びこう．上式に $x = r\cos\theta$，$y = r\sin\theta$ を代入し，$\sin^2\theta = 1 - \cos^2\theta$ および $e^2 = a^2 - b^2$ を考慮して，次々に，

$$\frac{1}{a^2}(r^2\cos^2\theta + 2re\cos\theta + e^2) + \frac{r^2}{b^2}(1 - \cos^2\theta) = 1,$$

$$r^2\left(\frac{1}{a^2} - \frac{1}{b^2}\right)\cos^2\theta + \frac{2re}{a^2}\cos\theta + \frac{e^2}{a^2} + \frac{r^2}{b^2} = 1,$$

$$\frac{-r^2e^2}{a^2b^2}\cos^2\theta + \frac{2re}{a^2}\cos\theta + \frac{r^2}{b^2} - \frac{b^2}{a^2} = 0,$$

$$r^2e^2\cos^2\theta - 2reb^2\cos\theta + b^4 = a^2r^2,$$

$$(b^2 - re\cos\theta)^2 = a^2r^2$$

が得られる．

　$re\cos\theta = ex$ が最大になるのは P が点 A に来たときで，このとき $x = a - e$ となる．

$$b^2 - e(a-e) = a^2 - ea = a(a-e) > 0$$

§2 ケプラーの法則に従う惑星の運動の加速度の計算

であるから，P がどこにあっても
$$b^2 - re\cos\theta > 0$$
である．したがって，
$$b^2 - re\cos\theta = ar,$$
すなわち，
$$r(a + e\cos\theta) = b^2$$
という r と θ の間の関係が得られた．

次に，(2)の面積速度に注目しよう．線分 OA と OP に切りとられる楕円の内部の部分（図4で斜線を引いた部分）の面積を S とすれば，S の t に関する変化率が面積速度である．t の微小な変化量 Δt に対し，図5で，時刻 $t+\Delta t$ における惑星の位置を Q とする．そのとき，Δt に対応する S の変化量 ΔS は線分 OP, OQ および楕円の弧 PQ で囲まれる部分の面積である．それはほぼ三角形 OPQ の面積に等しい．角 QOP は Δt に対応する θ の変化量 $\Delta\theta$ に等しく，Q から OP にくだした垂線の足を R とすれば，線分 QR の長さは O を中心とする半径 r（OP の長さが r で，OQ の長さもほぼ r に等しい）の円から直線 OP, OQ が切りとる弧の長さ
$$r\Delta\theta$$
にほぼ等しい．三角形 OPQ の面積は

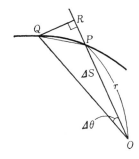

図5

$$\frac{1}{2}(OP の長さ)(QR の長さ)$$

であるから，結局 ΔS はほぼ

$$\frac{1}{2}r^2\Delta\theta$$

に等しい．これを Δt で割ったものの，Δt を限りなく小さくしたときの極限として，S の t に関する変化率 S' は，θ の変化率 θ' によって，

$$S' = \frac{1}{2}r^2\theta'$$

と表される．

この惑星の運動がケプラーの第二法則(2)に従うとすれば，S' は一定であるから，c を定数として，

$$r^2\theta' = c$$

が成立しているとしよう．今後 θ' が出て来れば，それを常に

$$\frac{c}{r^2}$$

でおきかえることにする．

$$x = r\cos\theta$$
$$y = r\sin\theta$$

の両辺を，t で微分すれば，

$$x' = r'\cos\theta - r\theta'\sin\theta = r'\cos\theta - \frac{c}{r}\sin\theta$$

$$y' = r'\sin\theta + r\theta'\cos\theta = r'\sin\theta + \frac{c}{r}\cos\theta$$

を得る．$\cos\theta$ の導函数は $-\sin\theta$ であるから，$\cos\theta$ の t に関する変化率 $(\cos\theta)'$ は

$$-\theta'\sin\theta$$

§2 ケプラーの法則に従う惑星の運動の加速度の計算

に等しく,同様に $(\sin\theta)'$ は $\theta'\cos\theta$ に等しいことを用いている.

さらにこの両辺を微分すれば,

$$x'' = r''\cos\theta - r'\theta'\sin\theta + \frac{cr'}{r^2}\sin\theta - \frac{c}{r}\theta'\cos\theta$$

$$= r''\cos\theta - \frac{c^2}{r^3}\cos\theta$$

$$= \left(r'' - \frac{c^2}{r^3}\right)\cos\theta$$

$$y'' = r''\sin\theta + r'\theta'\cos\theta - \frac{cr'}{r^2}\cos\theta - \frac{c}{r}\theta'\sin\theta$$

$$= \left(r'' - \frac{c^2}{r^3}\right)\sin\theta$$

を得る.

一方,前に得られた r と θ の関係

$$r(a + e\cos\theta) = b^2$$

の両辺を t で微分すれば,右辺は定数であるから,

$$r'(a + e\cos\theta) - re\theta'\sin\theta = 0,$$

すなわち,

$$r'(a + e\cos\theta) = \frac{ec}{r}\sin\theta$$

を得,$r(a+e\cos\theta)=b^2$ を用いて,

$$b^2 \cdot r' = ec\sin\theta$$

を得る.さらに,この両辺を微分すれば,

$$b^2 \cdot r'' = ec \cdot \theta'\cos\theta = \frac{ec^2}{r^2}\cos\theta$$

となり,$e\cos\theta = \frac{1}{r}b^2 - a$ から,

$$b^2 r'' = \frac{c^2}{r^2}\Big(\frac{1}{r}b^2 - a\Big),$$

すなわち,

$$r'' - \frac{c^2}{r^3} = -\frac{c^2 a}{b^2}\frac{1}{r^2}$$

を得る.これを前に得た x'', y'' に関する結果に代入すれば,

$$x'' = -\frac{c^2 a}{b^2}\frac{1}{r^2}\cos\theta$$

$$y'' = -\frac{c^2 a}{b^2}\frac{1}{r^2}\sin\theta$$

となる.

　これが求める結果である.この質点の水平方向,垂直方向の加速度が, x'', y'' である.これは,質点の受ける力を,それぞれ,水平方向,垂直方向に分解したものに比例している.図6でわかるように,水平方向の力と垂直方向の力の大きさの比が $\cos\theta, \sin\theta$ である.したがって, x, y に比例しているということは,それを合成した力の方向が OP の方向であることを示している.また,符号が負になっていることは, O に向って引張る力であることを示し,その力の大きさは, OP の長さの平方の逆数に比例しているので

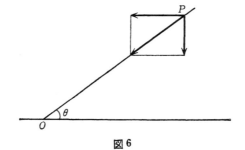

図6

§2 ケプラーの法則に従う惑星の運動の加速度の計算

ある.

以上で惑星の加速度は各瞬間に点 O の方向に向うもので，その大きさはその水平，垂直の方向の成分 x'', y'' の平方の和の平方根

$$\sqrt{\left(\frac{c^2a}{b^2r^2}\right)^2\cos^2\theta + \left(\frac{c^2a}{b^2r^2}\right)^2\sin^2\theta} = \frac{c^2a}{b^2r^2}$$

に等しいことがわかった.

長軸，短軸が a, b である楕円の内部の面積を第 4 章 §6 の方法で計算すれば πab となる（第 4 章の問題 7 の(i)). したがって，惑星がこの軌道を一周するのに要する時間を T とすれば，面積速度

$$\frac{1}{2}r^2\theta' = \frac{1}{2}c$$

は

$$\frac{\pi ab}{T}$$

に等しい．上記の加速度の大きさは，

$$c = \frac{2\pi ab}{T}$$

を代入すれば，

$$\left(\frac{2\pi ab}{T}\right)^2\frac{a}{b^2}\frac{1}{r^2} = 4\pi^2\left(\frac{a^3}{T^2}\right)\frac{1}{r^2}$$

となる．ケプラーの第三法則 (3) によれば，どの惑星についても，

$$\frac{a^3}{T^2}$$

が一定であるから，どの惑星についてもその運動の加速度の大きさが太陽からの距離 r の平方の逆数に一定の値を乗じたものになっている．太陽が惑星に及ぼす力の大きさは加速度の大きさに惑星の質量を乗じたものであるから, (3) は太陽と惑星の間に働く引力が

惑星の質量に比例することを示していて，万有引力の説に適合するのである．

§3 距離の平方に反比例する引力を受ける物体の運動

前節では，ケプラーの法則に従う惑星の運動の加速度が太陽の方向に向き，大きさが太陽との距離の平方に反比例することを確かめた．つぎにその逆に相当することを考えてみよう．

時刻 t における質点の位置 P の座標を (x, y) とし，r, θ も前と同様とする．この質点は座標の原点 O から OP の長さ r の平方に反比例する引力を受ける．この質点の受ける力はこれだけとすれば，その力の定数倍の加速度を持つので，ある定数 $k>0$ によって，

$$x'' = -\frac{k}{r^2}\cos\theta$$

$$y'' = -\frac{k}{r^2}\sin\theta$$

が成立していると仮定するのである．

$$x = r\cos\theta, \quad y = r\sin\theta$$

であるから，上記の関係は

$$x'' = -\frac{kx}{r^3}$$

$$y'' = -\frac{ky}{r^3}$$

と書くことが出来る．したがって，

$$xy'' - yx'' = 0$$

となるから，$xy' - yx'$ の変化率を考えると，

$$(xy' - yx')' = x'y' + xy'' - y'x' - yx'' = 0$$

となり $xy' - yx'$ は定数である．

§3 距離の平方に反比例する引力を受ける物体の運動

これは面積速度一定であることを示している．実際，$x = r\cos\theta$, $y = r\sin\theta$ を t で微分すれば，前に示したように，

$$x' = r'\cos\theta - r\theta'\sin\theta$$
$$y' = r'\sin\theta + r\theta'\cos\theta$$

となるから，

$$\begin{aligned}xy' - yx' &= rr'\sin\theta\cos\theta + r^2\theta'\cos^2\theta \\ &\quad - rr'\cos\theta\sin\theta + r^2\theta'\sin^2\theta \\ &= r^2\theta'\end{aligned}$$

であり，ある定数 c があって，

$$r^2\theta' = c$$

が成立する．これを用いて θ' を

$$\frac{c}{r^2}$$

でおきかえ，x'', y'' を計算すれば，前と全く同じ計算で，

$$x'' = \left(r'' - \frac{c^2}{r^3}\right)\cos\theta$$
$$y'' = \left(r'' - \frac{c^2}{r^3}\right)\sin\theta$$

を得る．これを

$$x'' = -\frac{k}{r^2}\cos\theta$$
$$y'' = -\frac{k}{r^2}\sin\theta$$

と較べて，

$$r'' = \frac{c^2}{r^3} - \frac{k}{r^2}$$

となることがわかる．

特別の場合として $c = 0$ のときは，$\theta' = 0$ となり，時刻 t のとき

の質点の位置 P に対して OP の方向が一定であり，軌道は直線となる．その直線を水平軸とするような座標を考え，ある時刻での質点の座標 x が正であるとすれば，$x=r$ であるからその加速度は

$$x'' = -\frac{k}{x^2}$$

で与えられる．

この両辺に $2x'$ を乗ずれば，

$$2x'x'' = -k\frac{2x'}{x^2}$$

となり，これから，

$$\left((x')^2 - \frac{2k}{x}\right)' = 0$$

が得られる．したがって，ある定数 h をとることにより，

$$(x')^2 = \frac{2k}{x} + h$$

の関係が得られる．ある時刻で，$x'=0$ となったとすれば，$x \neq 0$ である限り，$x'' = -\frac{k}{x^2}$ は負であるから，そのあと速度は負で，t の増加にともなって絶対値は増大し，遂に惑星は太陽に衝突することになる．このような衝突の起る場合はもはや物体を質点とみなすことは不適当になる．x' がある時刻で負の場合も同様に衝突が起る．そこで，$x' > 0$ とすれば，

$$x' = \sqrt{\frac{2k}{x} + h}$$

となるが，$x' > 0$ である限り，t の増加にともなって x は増加する．もし $h < 0$ ならば，ある時刻で，

$$\frac{2k}{x} + h = 0$$

となり，$x' = 0$ となる場合に帰着する．$h \geqq 0$ のときは，時間がいく

§3 距離の平方に反比例する引力を受ける物体の運動

ら経過しても，$x'>0$ で，質点は原点から次第に遠ざかってゆく．

かりに地球がとまっていると仮定し，物体を真上に発射したとすれば，はじめに与える速度がある程度以下であれば，その物体はまた地上に落ちて来るが，はじめに与える速度が大きいと，もう落ちて来ないでどこまでも上方に進みつづけるのである．

$c=0$ の場合は以上の通りであるから，今後 $c\neq 0$ とし，例えば $c>0$ と仮定しておこう．

二つの t の函数 r,θ は微分の条件

$$\theta' = \frac{c}{r^2}$$

$$r'' = \frac{c}{r^2}\left(\frac{c}{r} - \frac{k}{c}\right)$$

を満足するので，この微分方程式（二つの t の函数 r,θ についての連立微分方程式ともいわれる）の解として，r,θ が t のどんな函数であるかがわかれば，今考えている質点の運動がわかる．ところが，この解を求めるのは大変なので，その代りに，この条件から r と θ の間にどんな関係が成立するかがわかれば，x,y の間に成り立つ関係が得られる．その関係に対応する曲線として，この運動の軌道がわかるのである．

$$\theta' = \frac{c}{r^2}$$

から $\theta'>0$ で，O から質点の位置 P への方向が水平軸となす角は t の増加にともなって増加し，t と θ の間には一対一の対応が考えられるので，r は θ の函数と考えられる．

そこで，r,θ の微分の条件の一つ

$$r'' = \frac{c}{r^2}\left(\frac{c}{r} - \frac{k}{c}\right) = \left(\frac{c}{r} - \frac{k}{c}\right)\theta'$$

という関係に注目して，$\dfrac{c}{r} - \dfrac{k}{c}$ が θ の函数として，

$$\frac{c}{r} - \frac{k}{c} = f(\theta)$$

と表されると仮定しよう．この両辺を t で微分すれば，

$$-\frac{cr'}{r^2} = f'(\theta)\theta' = f'(\theta)\frac{c}{r^2}$$

となり，

$$r' = -f'(\theta)$$

が得られる．

この両辺をまた t で微分すれば，

$$r'' = -f''(\theta)\theta'$$

となり，

$$r'' = f(\theta)\theta'$$

と較べて，

$$f''(\theta) = -f(\theta)$$

を得る．

θ の関数 $f(\theta)$ についてのこの条件は前章で考えたもので，θ を時刻を表すと考えれば，$f(\theta)$ はそこで考えたバネに結びつけられた質点の位置を表している．したがって，同章の§2 でのべたように，ある二つの定数 p, q によって，

$$f(\theta) = p\cos\theta + q\sin\theta$$

と表すことが出来る．

この両辺に r を乗ずれば，

$$rf(\theta) = px + qy$$

となり，前に得た

$$\frac{c}{r} - \frac{k}{c} = f(\theta)$$

の両辺に r を乗じて，

$$c - \frac{k}{c}r = rf(\theta) = px + qy,$$

すなわち，

$$\frac{k}{c}r = c - px - qy$$

が得られる．この両辺を平方し，$r^2 = x^2 + y^2$ を用いれば，

$$\frac{k^2}{c^2}(x^2 + y^2) = (c - px - qy)^2$$

となる．

　この x, y についての関係に対応する曲線がこの質点の運動の軌道である．この関係は x, y について二次の関係であるから，軌道は二次曲線になることがわかった．

　この軌道がどんな二次曲線になるかをもっと詳しく調べる．そのために，図7で示すように，ある時刻で質点の位置を P として，

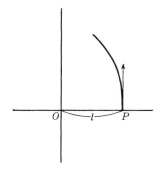

図7

そのときの速度の方向が直線 OP に直交するとし，平面の座標を，O を原点とし，この直線 OP を水平軸，O から P の方向を正とするように定める．P の座標を $(l, 0)$ $(l>0)$ とする．また，時間のはかり方をずらして，質点が P にあるこの時刻を 0 で表すことにする．

$t=0$ における速度 (x', y') は速度の方向が垂直の方向であることから，$x'=0$ で $y'=u$ とすれば，t の微小な変化量 Δt に対し，質点の位置はほぼ

$$(l, u\Delta t)$$

となる．O と $(l, 0)$ と $(l, u\Delta t)$ でつくられる三角形の面積は

$$\frac{1}{2} l u \Delta t$$

であるから，$\frac{1}{2} l u$ が面積速度 $\frac{1}{2} c$ となり，

$$u = \frac{c}{l}$$

であることがわかる．この $\frac{c}{l}$ が $t=0$ における y' の値である．

この場合について，前に得た r, θ の関係

$$\frac{c}{r} - \frac{k}{c} = f(\theta) = p\cos\theta + q\sin\theta$$

における p, q を求めてみよう．

$t=0$ のとき，$\theta=0$ であり $r=l$ であるから，

$$\frac{c}{l} - \frac{k}{c} = p$$

となる．上の r と θ の関係を t で微分した関係

$$r' = -f'(\theta) = p\sin\theta - q\cos\theta$$

において，$t=0$ とすれば $r'=-q$ となる．ところが $x=r\cos\theta$ を t

で微分した
$$x' = r'\cos\theta - r\theta'\sin\theta$$
において，$t=0$ とすれば，$x'=r'$ となり，$t=0$ のとき $x'=0$ であるから，r' も 0 となるので，
$$q = 0$$
となることがわかる．

これから，r と θ の関係は
$$\frac{c}{r} - \frac{k}{c} = \left(\frac{c}{l} - \frac{k}{c}\right)\cos\theta$$
で表され，これを変形して r を θ の函数として表すと
$$r = \frac{c^2}{k + \left(\dfrac{c^2}{l} - k\right)\cos\theta}$$
となる．

前に得た，軌道を表す x, y の二次の関係
$$\frac{k^2}{c^2}(x^2+y^2) = (c-px-qy)^2$$
にこの p, q の値を代入すれば，
$$\frac{k^2}{c^2}(x^2+y^2) = \left\{c - \left(\frac{c}{l} - \frac{k}{c}\right)x\right\}^2$$
となり，これを書きかえれば，
$$\left(\frac{2k}{l} - \frac{c^2}{l^2}\right)x^2 + 2c\left(\frac{c}{l} - \frac{k}{c}\right)x + \frac{k^2}{c^2}y^2 = c^2$$
となる．これに対応する二次曲線は，
 (1)　$2kl > c^2$ のとき O を焦点とする楕円，
 (2)　$2kl = c^2$ のとき，放物線，
 (3)　$2kl < c^2$ のとき，双曲線
になることを示そう．

まず(2)のときは，上記の x, y の関係の x^2 の係数が0となるので，第2章§3でのべたように水平軸を中心線とする放物線になる．

$2kl \mp c^2$ の場合，上の関係を書きかえると(計算の詳細は省略する)

$$\frac{2kl-c^2}{l^2}\left(x+\frac{l(c^2-lk)}{2kl-c^2}\right)^2+\frac{k^2}{c^2}y^2 = \frac{l^2k^2}{2kl-c^2}$$

となるので，

$$a = \frac{l^2k}{|2kl-c^2|}, \qquad b = \frac{cl}{\sqrt{|2kl-c^2|}}, \qquad e = \frac{l(c^2-lk)}{2kl-c^2}$$

とおけば，$e^2 = a^2 - b^2$ となり，

(1)の場合は

$$\frac{(x+e)^2}{a^2}+\frac{y^2}{b^2} = 1,$$

(2)の場合は

$$\frac{(x+e)^2}{a^2}-\frac{y^2}{b^2} = 1$$

となる．したがって，第2章§3で示したように，それぞれ，楕円，双曲線に対応している．

なお，(1)の場合には，c^2 と lk との大小関係に応じて以下のこ

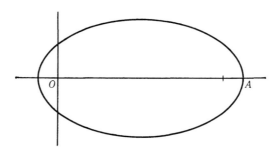

図8

とがいえる．

$c^2>lk$ のときは $e>0$ で，§2の図4の楕円と同じで，原点 O は，楕円の焦点のうち，$t=0$ における質点の位置 A に近い方のものである．

$c^2=lk$ のときは $e=0$ で，この楕円は，O を中心とする円となる．

$c^2<lk$ のときは $e<0$ で，図8に示すように，原点 O は $t=0$ のときの質点の位置 A に遠い方の焦点になっている．

以上のことからわかることは，$t=0$ のときの質点の位置を表す l と引力の比例定数 k を一定としたとき，質点の軌道の二次曲線の型は c の大きさ，したがって，$t=0$ のときの垂直方向の速度 $y'=\dfrac{c}{l}$ の大きさに依存する．その速度が一定の限界 $\sqrt{\dfrac{2k}{l}}$ より小さいときは，楕円軌道を描いて，ある時間たてば出発点にもどって来るが，それより大きいときは，質点は無限の彼方に飛び去るのである．

§4 球状の物体間の引力

前の二節では太陽と惑星をともに質点とみなして考えた．ニュートンは，均質な物質からなる二つの球状の物体の間に働く引力は，各球の中心に全質量が集ったものとして考えた場合と一致することを確かめた．

このことを球と質点の間で確かめよう．この場合がわかれば，これを二度適用すれば，球と球の場合が得られるからである．

はじめに，図9のように O を中心とした半径 r の球面にそって微小で一様な厚さをもつ物体を考え，その物体が水平線上で O から a $(a>r)$ の距離にある単位質量をもった質点にどんな引力を及ぼすかを調べよう．球面状の物体の質量を

$$4\pi r^2 m$$

であるとする．この球面の表面積が $4\pi r^2$ であるから，この球面の一部分で，面積が S の部分の質量は

$$Sm$$

で与えられるのである．

図9の O を中心とした半径 r の円を水平軸のまわりに回転したものが今考えている球面である．

図で水平軸上で座標 a の位置にある質点に球面上の P の近くの微小部分の及ぼす引力は，図で示したように，その点から P の方

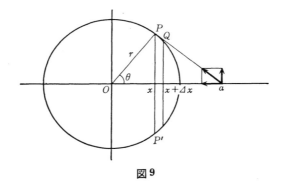

図 9

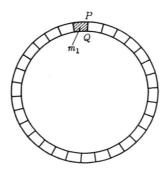

図 10

向に向っているが，その垂直方向の成分は P の下側の点 P' の近くの同じ大きさの微小部分の及ぼす引力の垂直方向成分と互いに打消し合う．したがって，球面の微小部分の及ぼす引力の水平成分だけを考えればよい．

図の座標 x で水平軸に直交する平面で球面を切る．その左側の部分の質点に及ぼす引力の水平成分を F とすれば，F は x の函数であるから，その x に関する変化率 F' が何になるかを調べよう．x の微小な変化量 Δx に対して，座標 $x, x+\Delta x$ における水平軸に直交する二つの平面が球面から切りとる部分は図10のような円環状の帯である．その幅はほぼ図9の線分 PQ の長さに等しく，それはまた，第4章§6で半径1の円周の長さを積分で表すときに考えたように，ほぼ

$$\frac{r\Delta x}{\sqrt{r^2-x^2}}$$

に等しい．またこの円環の外側の周の長さは

$$2\pi\sqrt{r^2-x^2}$$

に等しいので，この部分の質量はほぼ

$$2\pi m r\Delta x$$

となる．この円環の一点 P の近くの微小部分（図10で斜線で示した部分）の質量を m_1 とし，その部分の質点に及ぼす引力の水平成分を考えると，質点と P との距離は

$$\sqrt{(a-x)^2+(r^2-x^2)} = \sqrt{r^2-2ax+a^2}$$

であるから，

$$-\frac{km_1}{r^2-2ax+a^2} \cdot \frac{a-x}{\sqrt{r^2-2ax+a^2}}$$

となる．k は万有引力の比例定数である．

この値は質量 m_1 の円環のどの微小部分についても同一であるか

ら，これをよせ集めて，円環全体の質点に及ぼす引力の水平成分，すなわち ΔF はほぼ

$$-\frac{2\pi kmr(a-x)\Delta x}{(r^2-2ax+a^2)^{\frac{3}{2}}}$$

に等しい．

このことから，球面全体の質点に及ぼす引力の水平成分（垂直成分は0）すなわち $x=r$ における F の値は積分

$$2\pi kmr\int_{-r}^{r}(x-a)(r^2-2ax+a^2)^{-\frac{3}{2}}dx$$

で表されることがわかる．この積分の値を求めるために，

$$\frac{d}{dx}(x-a)(r^2-2ax+a^2)^{-\frac{1}{2}} = a(x-a)(r^2-2ax+a^2)^{-\frac{3}{2}}$$
$$+ (r^2-2ax+a^2)^{-\frac{1}{2}}$$

$$\frac{d}{dx}(r^2-2ax+a^2)^{\frac{1}{2}} = -a(r^2-2ax+a^2)^{-\frac{1}{2}}$$

を組合せれば，

$$\frac{d}{dx}\left\{\frac{1}{a}(x-a)(r^2-2ax+a^2)^{-\frac{1}{2}} + \frac{1}{a^2}(r^2-2ax+a^2)^{\frac{1}{2}}\right\}$$
$$= (x-a)(r^2-2ax+a^2)^{-\frac{3}{2}}$$

となる．したがって，上記の積分は

$$2\pi kmr\left[\frac{1}{a}(x-a)(r^2-2ax+a^2) + \frac{1}{a^2}(r^2-2ax+a^2)^{\frac{1}{2}}\right]_{-r}^{r}$$

となるが，

$$(r^2-2ar+a^2)^{\frac{1}{2}} = a-r, \quad (r^2+2ar+a^2)^{\frac{1}{2}} = a+r$$

を用いて計算すれば，

$$-\frac{4\pi r^2 km}{a^2}$$

となる．この結果は，質点の受ける引力が球面の中心 O に全質量 $4\pi r^2 m$ が集ったと考えたときの引力に等しいことを示している．

今度は O に中心をもつ質量 M の球状の物体の，その球の外部にあって，球の中心からの距離が a の位置にある質点に及ぼす引力を考える．この球を多くの薄い同心球面に分割し，その一つ一つに上記の結果を適用してよせ集めれば，その引力は

$$-\frac{kM}{a^2}$$

となることが結論され，全質量が中心 O に集ったと考えた場合と同じになることがわかる．

練習問題

1. 図 11 の座標の原点 O にある物体から引力をうけながら，水平線上の座標 1 の点から $45°$ の角度をなす方向に質点が発射されたとする．引力の定数を k とし（質点の O からの距離を r としたとき，O に向う大きさ $\dfrac{k}{r^2}$ の加速度をもつ），面積速度を本文におけるように $\dfrac{c}{2}$ とする．$c=\sqrt{k}$ の場合について，質点の軌道を求め，その概形を描け．(時刻 t のときの

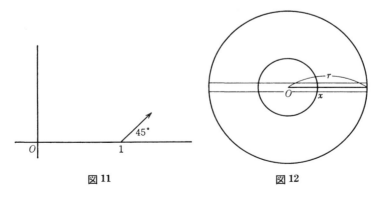

図 11   図 12

質点の位置を (x, y) とし，$t=0$（発射の時刻）のときの x', y' を c で表し，$\left(\dfrac{c}{r}-\dfrac{k}{c}\right)=f(\theta)$ となる函数 f を決定せよ．）

2. 半径 r の球面状の物体があり球面上の単位面積あたりの質量を m とする．そのときこの物体がこの球面の内部にある単位質量の質点に及ぼす力は 0 であることを確かめよ．(§4 での，質点が球面の外部にある場合と同様の計算をせよ．)

3. 図12のように O を中心とする半径 r の球状の物体があり，単位体積あたり m の質量が一様に分布しているとする(前問のように表面だけでなく内部全体に)．図の水平な直径にそって小さい穴が貫通していると考え，水平線上の球の表面から単位質量の質点を落としたとき，その質点はどんな運動をするか．ただし引力の定数を k とする．(質点が O から x の距離にあるとき，問2により半径 x の球の部分からだけ引力をうけ，その外側の部分からの引力は 0 となることに注意．)

解　答

第1章

1. 縦の長さ，横の長さを cm で表す数を a, b と略記すれば，その関係は (1) $a^2+b^2+12^2=13^2$ (ピタゴラスの定理)，(2) $2(ab+12a+12b)=192$. (1), (2) の各辺を加え合せれば，右辺の和はちょうど $(a+b+12)^2$ になることに注意すると，$(a+b+12)^2=13^2+192=361=19^2$ となり $a+b=7$ を得る．(2) から $2(ab+12\times 7)=192$, すなわち，$ab=12$ を得，$b=7-a$ を代入すれば，$a(7-a)=12$, すなわち，$a^2-7a+12=0$ を得る．この二次方程式を解いて $a=3, b=4$ がわかる．

2. $1=a(x-2)+b(x+1)(x-2)+c(x+1)^2$ が成立するためには，$x=-1$ とおいて $a=-\dfrac{1}{3}$, $x=2$ とおいて $c=\dfrac{1}{9}$, $x=0$ とおいて $1=-2a-2b+c$ でなければならない．最後の式から $b=-\dfrac{1}{9}$ を得る．$-\dfrac{1}{3}(x-2)-\dfrac{1}{9}(x+1)(x-2)+\dfrac{1}{9}(x+1)^2$ は括弧をほどけば，x, x^2 の項が消えて1となることがわかる．

3. Q から AP に垂線を下した足を R, AB に垂線を下した足を S とすれば，QR, QS の長さはともに $\dfrac{1}{\sqrt{2}}y$ である．三角形 BSQ と三角形 QRP は相似であるから，対応する辺の比の間の等式

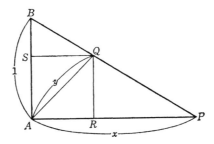

$$\frac{BS \text{ の長さ}}{QS \text{ の長さ}} = \frac{QR \text{ の長さ}}{PR \text{ の長さ}}$$

が成り立つ．すなわち

$$\frac{1-\frac{1}{\sqrt{2}}y}{\frac{1}{\sqrt{2}}y} = \frac{\frac{1}{\sqrt{2}}y}{x-\frac{1}{\sqrt{2}}y}.$$

これを書きかえれば，$(\sqrt{2}-y)(\sqrt{2}x-y)=y^2$，これから $y=\frac{\sqrt{2}x}{1+x}$ を得る．
(三角形 BAP の面積は，それを AQ で分割した三角形 BAQ と AQP の面積の和であるから，$\frac{1}{2}x=\frac{1}{2}\frac{1}{\sqrt{2}}y+\frac{1}{2}\frac{1}{\sqrt{2}}yx$ となり，これからも導かれる．)

4. a を 2 の 3 乗根より大きい一つの近似値とする．その誤差を d とすれば，$2=(a-d)^3=a^3-3a^2d+3ad^2-d^3$．$3ad^2-d^3$ が非常に小さいとき，$d \fallingdotseq \frac{a^3-2}{3a^2}$, $a-d \fallingdotseq \frac{2}{3}\left(\frac{a^3+1}{a^2}\right)$ を得る．$f(a)=\frac{2}{3}\left(\frac{a^3+1}{a^2}\right)$ として，a (たとえば $a=2$) から出発して次々に $f(a), f(f(a)), \cdots$ をとればよい．$d<\frac{1}{2}a$ ($a \leqq 2$ ならよい) のとき，$(3ad^2-d^3)/3a^2 > \frac{1}{2}d$ となる．したがって，$2=a^3-3a^2d+3ad^2-d^3$ から，$\frac{2-a^3}{3a^2}-d=\frac{3ad^2-d^3}{3a^2} > \frac{1}{2}d$ となる．$a-d<f(a)$ で $f(a)-(a-d)<\frac{1}{2}d$ となり，$f(a)$ の誤差は a の誤差の半分より小さくなる．)

5. $(1+d)^{k+1}=(1+d)^k+(1+d)^kd > (1+d)^k+2$, 同様に，$(1+d)^{k+2}>(1+d)^{k+1}+2>(1+d)^k+4$, これを繰り返して，$(1+d)^{k+m}>(1+d)^k+2m>2m$ を得る．$n \geqq 2k$ ならば，$(1+d)^n=(1+d)^{k+(n-k)}>2(n-k)>n$.

6. $\frac{1}{|x|}>(1+d)^2$ となるように $d>0$ をとる．この d に対して問 5 により，充分大きい n に対して $(1+d)^n>n$ となるから，$\frac{1}{|x|^n}>(1+d)^{2n}>(1+d)^n n$, すなわち $\frac{1}{(1+d)^n}>n|x|^n$ を得る．また，

$$(1-x)^2(1+2x+3x^2+\cdots+(n+1)x^n)=1-(n+2)x^{n+1}+(n+1)x^{n+2}$$

から，

$$\left|\frac{1}{(1-x)^2}-(1+2x+3x^2+\cdots+(n+1)x^n)\right|$$

$$=\frac{1}{(1-x)^2}\{(n+2)x^{n+1}-(n+1)x^{n+2}\}$$

$$\leq \frac{2}{(1-x)^2}(n+2)|x|^{n+1}.$$

これは,上記の d に対して n が充分大きいとき, $\dfrac{2}{(1-x)^2|x|}\dfrac{1}{(1+d)^{n+2}}$ より小さいから, n を大きくすればいくらでも小さくなる.

7. $\dfrac{1}{\sqrt{1+x}} \fallingdotseq 1+ax+bx^2$ となる a, b を

$$(1+x)(1+ax+bx^2)^2 = (1+x)(1+2ax+(a^2+2b)x^2+2abx^3+b^2x^4)$$

$$= 1+(2a+1)x+(a^2+2a+2b)x^2+\cdots$$

の x, x^2 の項が消えるようにとれば, $a=-\dfrac{1}{2}$, $b=\dfrac{3}{8}$ を得る. あとは,

$$\left|\frac{1}{\sqrt{1+x}}-(1+ax+bx^2)\right| = \left|\frac{1-\sqrt{1+x}(1+ax+bx^2)}{\sqrt{1+x}}\right|$$

$$= \left|\frac{1-(1+x)(1+ax+bx^2)^2}{\sqrt{1+x}\{1+\sqrt{1+x}(1+ax+bx^2)\}}\right|$$

として評価すればよい.

第2章

1. (i) 直線に, $0, 1$ に対応する二点 O, I によって座標を定め, O, I をともに a で表される変位で O', I' に移せば,一点の (O, I) 座標が x のとき,その点の (O', I') 座標は $x-a$ になる. また,座標 $b \neq 0$ の点を I'' とすれば, (O, I) 座標が x である点の (O, I'') 座標は, $\dfrac{1}{b}x$ となる. この二つの操作を組合せれば (O, I) 座標 x の点の他の定め方による座標は x の一次函数となる. (ii) L の上に座標が O, I で定められているとし, O, I を通り, N に平行な直線が M と交る点をそれぞれ O', I' とする. したがって, M の座標がたまたまこの O', I' で定められているときは, $y=x$ である. M の座標が別のものであっても, (i) により, Q の座標は x の一次函数である.

2. (i) O を通り L と平行な直線上に O と異なる点をとり，その座標を (a,b) とすれば，L が水平軸に平行でないから，$b \neq 0$ である．直線 PQ 上の点は，ある数 t によって，(at, bt) で表せる変位によって P を移した点であるから，その座標は $(x+at, y+bt)$ の形をしている．したがって $y+bt=0$ となる場合が点 Q である．$y+bt=0$ から $t=-\frac{1}{b}y$ とわかり，そのとき $x+at=x-\frac{a}{b}y$ となる．つまり，$c=-\frac{a}{b}$ である．(ii) 点 P をまず (i) の Q に対応させれば，Q の水平座標が $x+cy$ である．Q から R への対応は，前問の (ii) により，R の M での座標が $x+cy$ の一次式，すなわち，x と y との一次式で表される．(iii) $O'I_1'$ を M とし，$O'I_2'$ を L とすれば，この L が OI_1 と平行でないときは，(ii) によって，x' は x と y との一次式で表せる．実は (ii) で L が水平軸と平行でないという仮定は不要で，L と M が平行でなければよい．L が水平軸と平行ならば，垂直軸とは確かに平行でないから，両軸をいれかえて考えればよい．したがって，x' は常に x, y の一次式で表せる．$O'I_1'$ を L，$O'I_2'$ を M として (ii) を適用すれば，y' も x と y との一次式で表せることがわかる．

3. 問題のヒントとしてのべた直線 OA の座標による Q の座標を $px+qy+r$ とすれば，P が O のとき，Q も O であるから $r=0$，P が A のとき，Q も A であるから，$pa+qb=\sqrt{a^2+b^2}$ である．直線 OA を表す x, y の一次関係は，$bx-ay=0$ であるから，§3 でのべたように，直線 OA は O と点 $(b, -a)$ を結ぶ直線に直交している．したがって P を $(b, -a)$ にとれば，Q は O となり，$pb-aq=0$ を得る．これと前の $pa+qb=\sqrt{a^2+b^2}$ から，$p=\frac{a}{\sqrt{a^2+b^2}}$，$q=\frac{b}{\sqrt{a^2+b^2}}$ となることがわかる．これから，OQ の長さは $\frac{|ax+by|}{\sqrt{a^2+b^2}}$ となり，直角三角形 OPQ にピタゴラスの定理を適用して，PQ の長さの平方は $x^2+y^2-\frac{(ax+by)^2}{a^2+b^2}=\frac{(bx-ay)^2}{a^2+b^2}$ となり，PQ の長さが $\frac{|bx-ay|}{\sqrt{a^2+b^2}}$ であることがわかる．

4. 問3での三角形 OPA の面積は OA の長さと PQ の長さの積の半分であるから，$\frac{1}{2}|bx-ay|$ で表される．問題の三点のなす三角形の面積はその各頂点を $(-x_3, -y_3)$ で表せる変位によって移した $O, (x_1-x_3, y_1-y_3)$,

(x_2-x_3, y_2-y_3) のなす三角形の面積に等しいから，$x=x_1-x_3$，$y=y_1-y_3$，$a=x_2-x_3$，$b=y_2-y_3$ として上記の結果を適用すればよい．

5. P から水平軸に下した垂線の足を Q とすれば，線分 PQ の長さは $|y|=b\sqrt{1-\dfrac{x^2}{a^2}}$ に等しく，線分 FQ の長さは，OF の長さが $\sqrt{a^2-b^2}$ であるから，$|x-\sqrt{a^2-b^2}|$ に等しい．したがって直角三角形 PFQ にピタゴラスの定理を適用して，PF の長さの平方は

$$b^2\left(1-\frac{x^2}{a^2}\right)+(x-\sqrt{a^2-b^2})^2 = \left(1-\frac{b^2}{a^2}\right)x^2-2\sqrt{a^2-b^2}\,x+a^2$$

$$= \frac{1}{a^2}\{(a^2-b^2)\,x^2-2a^2\sqrt{a^2-b^2}\,x+a^4\}$$

$$= \frac{1}{a^2}\{\sqrt{a^2-b^2}\,x-a^2\}^2$$

に等しい．$a \geqq |x|$，$a \geqq \sqrt{a^2-b^2}$ であるから $a^2 \geqq \sqrt{a^2-b^2}\,x$ であり，PF の長さは $\dfrac{1}{a}(a^2-\sqrt{a^2-b^2}\,x)$ に等しい．同様の計算によって，PF' の長さは $\dfrac{1}{a}(a^2+\sqrt{a^2-b^2}\,x)$ であることがわかるので，その和は $2a$ となり一定である．

6. (i) P の座標を (x, y) とすれば，PF の長さの平方 $=x^2+(y-a)^2$，PQ の長さ $=y$ であるから，$x^2+(y-a)^2=k^2y^2$ が成り立ち，P がこの関係に対応する二次曲線上にあることがわかる．(ii) 上記の関係を書き直せば，$x^2+(1-k^2)y^2-2ay+a^2=0$ となり，$k=1$ のとき，x の二次函数 $y=\dfrac{1}{2a}(x^2+a^2)$ のグラフである放物線となる．これを更に書き直せば，$x^2+(1-k^2)\left(y-\dfrac{a}{1-k^2}\right)^2=a^2\left(\dfrac{1}{1-k^2}-1\right)$ となり，$k<1$ のときは楕円，$k>1$ のときは双曲線になることがわかる．(iii) $k<1$ のとき，この楕円を表す関係は

$$x^2\Big/\left(\frac{ak}{\sqrt{1-k^2}}\right)^2+\left(y-\frac{a}{1-k^2}\right)^2\Big/\left(\frac{ak}{1-k^2}\right)^2=1$$

と書ける．これは，$\left(0, \dfrac{a}{1-k^2}\right)$ を中心とする垂直の方向に細長い楕円で，中心と F との距離の平方 $\left(\dfrac{a}{1-k^2}-a\right)^2$ が，$\left(\dfrac{ak}{1-k^2}\right)^2-\left(\dfrac{ak}{\sqrt{1-k^2}}\right)^2$ に等しいので，F が焦点になる．

第3章

1. t の変化量 Δt に対応する x の変化量を Δx とすれば，
$$\Delta x = 2(t+\Delta t)^3 - 3(t+\Delta t)^2 - (2t^3 - 3t^2)$$
$$= (6t^2 - 6t)\Delta t + (6t-3)(\Delta t)^2 + 2(\Delta t)^3$$

であるから，

$$\frac{\Delta x}{\Delta t} = 6t^2 - 6t + (6t-3)\Delta t + 2(\Delta t)^2$$

で，Δt を限りなく小さくした極限は，$6t^2 - 6t$ となる．

2. x は，$x'' = -k$ を満足し，$t=0$ における x' の値が v_1 であるから，$x' = v_1 - kt$ となる．これから，また，$t=0$ における x の値が h であるから，$x = h + v_1 t - \frac{1}{2}kt^2$ を得る．質点が地上に着くときは，$x=0$ であるから，そのときの t は，$h + v_1 t - \frac{1}{2}kt^2 = 0$ で与えられる．その t の値を t_0 とすれば $t=t_0$ における $x' = v_1 - kt$ の値が $-v_2$ であるから，$v_2^2 = (v_1 - kt_0)^2$ $= v_1^2 - 2v_1 kt_0 + k^2 t_0^2$ となるが，$h = -v_1 t_0 + \frac{1}{2}kt_0^2$ を用いて，$v_2^2 - v_1^2 = 2kh$ を得る．

3. 斜面の直線に，O の真上の点を原点として下向きに座標を定めて，点 P の座標は，O からの距離とする．P にある質点の加速度は真下の方向に大きさが k であるから，斜面の長さを b とすれば，斜面にそう方向の加速度の成分は $\frac{hk}{b}$ である．したがって，時刻 t における質点の座標を x とすれば，$x'' = \frac{hk}{b}$（斜面にそって下向きを正の方向にとっていることに注意）を満足し，$t=0$ における x' の値は v_1 である．したがって，$x' = v_1 + \frac{hk}{b}t$ となり，$t=0$ で $x=0$ であるから，$x = v_1 t + \frac{1}{2}\frac{hk}{b}t^2$ となる．質点が地上に到着するときの x の値が b であるから，そのときの t の値を t_0 とすれば，t_0 は $b = v_1 t_0 + \frac{1}{2}\frac{hk}{b}t_0^2$ を満足する．その t_0 での x' の値が v_2 であるから，$v_2 = v_1 + \frac{hk}{b}t_0$ で，

$$v_2^2 = \left(v_1 + \frac{hk}{b}t_0\right)^2 = v_1^2 + \frac{2v_1 hk}{b}t_0 + \frac{h^2 k^2}{b^2}t_0^2$$

となる．これを $b = v_1 t_0 + \frac{1}{2}\frac{hk}{b}t_0^2$ を用いて書き直せば，$v_2^2 - v_1^2 = 2hk$ を得

る.

4. 問 3 で H から, O から a だけへだたった点まで斜面にそって滑り落ちるのに要する時間 t_0 は, $v_1=0$ とすれば $b=\dfrac{1}{2}\dfrac{hk}{b}t_0^2$, すなわち, $t_0=\sqrt{\dfrac{2}{hk}}b=\sqrt{\dfrac{2}{hk}}\sqrt{h^2+a^2}$ で与えられる. 地上に到着したときの速さ v_2 はどの斜面でも $\sqrt{2hk}$ である. したがって, (i) は $b<\dfrac{1}{\sqrt{3}}h$ のとき

$$\sqrt{\dfrac{2}{hk}}\sqrt{h^2+b^2}+\left\{\left(\dfrac{1}{\sqrt{3}}h-b\right)\Big/\sqrt{2hk}\right\}>\sqrt{\dfrac{2}{hk}}\sqrt{h^2+\dfrac{1}{3}h^2}$$

を確かめればよい. また (ii) は, $c>\dfrac{1}{\sqrt{3}}h$ のとき

$$\sqrt{\dfrac{2}{hk}}\sqrt{h^2+c^2}>\sqrt{\dfrac{2}{hk}}\sqrt{h^2+\dfrac{1}{3}h^2}+\left\{\left(c-\dfrac{1}{\sqrt{3}}h\right)\Big/\sqrt{2hk}\right\}$$

を確かめればよい. (i) は整理すれば, $2\sqrt{h^2+b^2}>\sqrt{3}\,h+b$ となり, 左辺の平方から右辺の平方を引けば, $h^2+3b^2-2\sqrt{3}\,hb=(h-\sqrt{3}\,b)^2$ となる. (ii) も全く同様に, $(h-\sqrt{3}\,c)^2>0$ に帰着する.

第 4 章

1. $\left(\dfrac{x^n}{\sqrt{1+x^2}}\right)'=nx^{n-1}\dfrac{1}{\sqrt{1+x^2}}+x^n\left(\dfrac{1}{\sqrt{1+x^2}}\right)'$

$=nx^{n-1}\dfrac{1}{\sqrt{1+x^2}}+x^n\left(-\dfrac{x}{(1+x^2)\sqrt{1+x^2}}\right)$

$=\dfrac{nx^{n-1}+(n-1)x^{n+1}}{(1+x^2)\sqrt{1+x^2}}.$

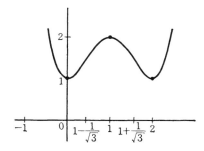

2. $y'=4x^3-12x^2+8x=4x(x^2-3x+2)=4x(x-1)(x-2)$ から $x=0,1,2$ で $y'=0$. $x<0$ で $y'<0$ となるから y は減少し，0と1の間で増加，1と2の間で減少，$2<x$ では増加である．また $x=0,1,2$ で y の値は，それぞれ，1, 2, 1 であるから大体前ページの図のようなグラフになる．（なお彎曲の具合の変るのは，$y''=12x^2-24x+8=0$ となる $x=1\pm\dfrac{\sqrt{3}}{3}$ である．）

3. 分母を払って移項すれば $1+ab-a^2-b^2>0$ となる．a を定数と考え，b の函数，$1+ab-a^2-b^2$ の導函数を求めれば，$a-2b$ であるから，$b=\dfrac{a}{2}$ のとき0となり，b が $\dfrac{a}{2}$ より小さいとき正，大きいとき負となる．したがって，$1+ab-a^2-b^2$ は，$b<\dfrac{a}{2}$ で増加，$b>\dfrac{a}{2}$ で減少するので，$b=0$ のときの値 $1-a^2$, $b=1$ のときの値，$a-a^2$ の小さい方の $a-a^2>0$ より大きい．

4. 直方体の縦，横，高さを，メートルで測った値をそれぞれ，a,b,c とすれば，$abc=1$. 表面積 S は，$2(ab+bc+ca)$ で与えられる．c を定数と考えれば，$b=\dfrac{1}{ac}$ から $S=2\left(\dfrac{1}{c}+\dfrac{1}{a}+ca\right)$ で，これを a の函数と考えて，a で微分すれば，$2\left(-\dfrac{1}{a^2}+c\right)$ となり，$a=\dfrac{1}{\sqrt{c}}$ のとき最小値をとることがわかる．そのとき，$S=2\left(\dfrac{1}{c}+2\sqrt{c}\right)$ であるから，今度はこれを c の函数と考えて c で微分すれば，$2\left(-\dfrac{1}{c^2}+\dfrac{1}{\sqrt{c}}\right)$ となる．これは $c=1$ のとき0となり，$c<1$ では負，$c>1$ では正となるから，$2\left(\dfrac{1}{c}+2\sqrt{c}\right)$ は $c=1$ で最小値をとり，その値は6である．（$c=1$ のとき S は $a=\dfrac{1}{\sqrt{c}}=1$, したがって b も 1 のとき最小となるから，表面積が最小になるのは一辺1メートルの立方体のときである．）

5. $y=x^{\frac{1}{n}}$ のとき，$x=y^n$ で $\dfrac{dx}{dy}=ny^{n-1}$ であるから，§4でのべたように，$\dfrac{dy}{dx}=\left(\dfrac{dx}{dy}\right)^{-1}=\dfrac{1}{n}y^{1-n}=\dfrac{1}{n}x^{\frac{1}{n}-1}$ を得る．m を自然数として，$y=x^{\frac{m}{n}}$ のときは

$$y'=m(x^{\frac{1}{n}})^{m-1}\dfrac{1}{n}x^{\frac{1}{n}-1}=\dfrac{m}{n}x^{\frac{m}{n}-1}$$

となり，$y=x^{-\frac{m}{n}}$ のときは，
$$y' = \frac{-1}{(x^{\frac{m}{n}})^2} \cdot \frac{m}{n} x^{\frac{m}{n}-1} = -x^{-\frac{2m}{n}} \cdot \frac{m}{n} \cdot x^{\frac{m}{n}-1} = -\frac{m}{n} x^{-\frac{m}{n}-1}$$
を得る．

6. 問 1 で $n=4, 2, 0$ とした結果を組合せれば，$\frac{1}{3}(x^4-4x^2-8)(1+x^2)^{-\frac{1}{2}}$ の導函数が $x^5(1+x^2)^{-\frac{3}{2}}$ となるから，(i) の積分値は
$$\left[\frac{1}{3}(x^4-4x^2-8)(1+x^2)^{-\frac{1}{2}}\right]_0^1 = -\frac{11}{3\sqrt{2}}+\frac{8}{3}.$$

また，問 1 で $n=-3, -1, 1$ とした結果を組合せれば，$-\frac{1}{3}(x^{-3}-4x^{-1}-8x)(1+x^2)^{-\frac{1}{2}}$ の導函数は $x^{-4}(1+x^2)^{-\frac{3}{2}}$ となるから，(ii) の積分値は
$$\left[-\frac{1}{3}(x^{-3}-4x^{-1}-8x)(1+x^2)^{-\frac{1}{2}}\right]_1^2 = \frac{143}{24\sqrt{5}}-\frac{11}{3\sqrt{2}}$$
となる．

7. (i) 面積は
$$4\int_0^a b\sqrt{1-\frac{x^2}{a^2}}\,dx = \frac{4b}{a}\int_0^a \sqrt{a^2-x^2}\,dx$$
となるが，$4\int_0^a \sqrt{a^2-x^2}\,dx = a^2\pi$ であるから，$ab\pi$ となる．

(ii) $y=\frac{b}{a}\sqrt{a^2-x^2}$ であり，x の変化量 $\varDelta x>0$ に対応する $\varDelta y$ の絶対値が図の線分 PR の長さで，$\varDelta y$ はほぼ $-\frac{b}{a}\frac{x}{\sqrt{a^2-x^2}}\varDelta x$ に等しいので，線分

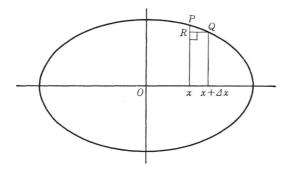

PQ の長さはほぼ $\sqrt{1+\dfrac{b^2}{a^2}\dfrac{x^2}{a^2-x^2}}\varDelta x$ に等しく，これがまた，楕円弧 PQ にほぼ等しい．したがって周の長さは積分 $4\displaystyle\int_0^a \sqrt{1+\dfrac{b^2}{a^2}\dfrac{x^2}{a^2-x^2}}dx$ で表される．(iii) 体積は

$$2\pi\int_0^a y^2 dx = 2\pi\int_0^a b^2\left(1-\frac{x^2}{a^2}\right)dx = 2\pi b^2\left[x-\frac{x^3}{3a^2}\right]_0^a = \frac{4}{3}\pi ab^2.$$

第5章

1. $x''=-kx'$ から，$x'=-kx+u$ ($t=0$ のとき，$x'=u$ であるから) となる．e^{-kt} の微分が $-ke^{-kt}$ になることから，C を定数として，$x=\dfrac{u}{k}+Ce^{-kt}$ とすれば上記の関係が満足される．$t=0$ のとき $x=0$ であるから，$C=-\dfrac{u}{k}$ であり，$x=\dfrac{u}{k}(1-e^{-kt})$ を得る．

2. te^{at} を微分すれば $(1+at)e^{at}$ となるので，$te^{at}-\dfrac{1}{a}e^{at}$ を微分すれば ate^{at} となる．したがって求める函数は $\dfrac{t}{a}e^{at}-\dfrac{1}{a^2}e^{at}$ に定数を加えたものである．

3. x は，$x''=-ax'-k$ を満足するので，c を定数として $x'=-ax-kt+c$ となるが，$t=0$ で $x=h, x'=0$ であるから，$c=ah$ である．$x=f(t)e^{-at}$ とおけば，$x'=f'(t)e^{-at}-af(t)e^{-at}=f'(t)e^{-at}-ax$ となるので，$f'(t)e^{-at}=-kt+ah$ を得る．すなわち，$f'(t)=-kte^{at}+ahe^{at}$ であるから，前問により，$f(0)=h$ となることを考慮して，

$$f(t) = \frac{-k}{a}\left(t-\frac{1}{a}\right)e^{at}+he^{at}-\frac{k}{a^2}$$

を得，これより，

$$x = -\frac{k}{a^2}e^{-at}-\frac{k}{a}t+\frac{k}{a^2}+h$$

を得る．e^{-at} を表す t の冪級数を t^3 の項までとれば

$$1-at+\frac{1}{2}a^2t^2-\frac{1}{6}a^3t^3$$

であるから，x を表す冪級数の t^3 の項までとれば $h-\dfrac{1}{2}kt^2+\dfrac{1}{6}akt^3$ とな

る．(抵抗のない場合，$x=h-\frac{1}{2}kt^2$ である．)

4. $x^a=e^{a\log x}$ を x で微分すれば，$\frac{a}{x}e^{a\log x}=\frac{a}{x}x^a=ax^{a-1}$ となる．

5. $x=2t$ とすれば，この変数 t に対して，

$$\frac{4}{4-x^2}=\frac{1}{1-t^2}=\frac{1}{2}\left\{\frac{1}{1-t}+\frac{1}{1+t}\right\}.$$

これは $|t|<1$ のとき，$\frac{1}{2}\{-\log(1-t)+\log(1+t)\}$ の導函数である．このことから，$|x|<2$ で考えられた函数

$$\log\frac{2+x}{2-x}=-\log\left(1-\frac{x}{2}\right)+\log\left(1+\frac{x}{2}\right)$$

を x で微分すれば，$\frac{4}{4-x^2}$ であることがわかり，

$$\int_0^1 \frac{4}{4-x^2}dx=\left[\log\frac{2+x}{2-x}\right]_0^1=\log 3$$

を得る．

第6章

1. $\cos\sqrt{k}\,t$, $\sin\sqrt{k}\,t$ を t で微分すればそれぞれ $-\sqrt{k}\sin\sqrt{k}\,t$, $\sqrt{k}\cos\sqrt{k}\,t$ となり，さらに微分すれば $-k\cos\sqrt{k}\,t$, $-k\sin\sqrt{k}\,t$ となる．このことと，運動は $t=0$ における位置と速度で定まることから，$f(t)$ は，ある定数 a,b によって，$f(t)=a\cos\sqrt{k}\,t+b\sin\sqrt{k}\,t$ の形に表される．

2. 釣合っているとき質点に働くバネの力が $-k$ であるから，重力の定数が k に等しい．この運動における質点の位置 x は $x''=-x+k$ を満足するので，$x=f(t)+k$ とおけば，$x'=f'(t)$, $x''=f''(t)$ より，$f''(t)=-x+k=-f(t)$ となり，$t=0$ のとき $x=a+k$ で，$x'=0$ であることから，$f(0)=a$, $f'(0)=0$ となり，$f(t)=a\cos t$ であることがわかる．したがって，$x=a\cos t+k$. (重力がないとして，バネの固定点を釣合の位置に移したのと同じ運動をする．)

3. x は定数 a,b によって $x=a\cos t+b\sin t$ と表せる．$a=b=0$ のときは，$r=0$ とした場合に相当する．どちらかは0でないとき，$r=\sqrt{a^2+b^2}$ と

おけば，座標を定めた平面で，座標が $\left(\dfrac{b}{r}, \dfrac{a}{r}\right)$ の点は原点を中心とした半径 1 の円の周上にあるので，座標 $(1, 0)$ の点からこの点までの円周上の長さを c とすれば，$\dfrac{b}{r}=\cos c$，$\dfrac{a}{r}=\sin c$ となる．したがって，この c に対し，$x=r\{\sin c \cos t+\cos c \sin t\}=r\sin(c+t)$ を得る．

4. $\tan(a+b)=\dfrac{\sin(a+b)}{\cos(a+b)}=\dfrac{\sin a \cos b+\cos a \sin b}{\cos a \cos b-\sin a \sin b}$

であるから，この分母分子をともに $\cos a \cos b$ で割れば，

$$\tan(a+b)=\dfrac{\tan a+\tan b}{1-\tan a \tan b}$$

を得る．

5.
$$\cos 2t = \cos t \cos t - \sin t \sin t = (\cos t)^2 - (\sin t)^2$$
$$= 2(\cos t)^2 - 1 = 1 - 2(\sin t)^2$$
$$\sin 2t = \sin t \cos t + \cos t \sin t = 2\sin t \cos t$$

より，
$$\cos 3t = \cos(2t+t) = \{2(\cos t)^2-1\}\cos t - \sin 2t \cdot \sin t$$
$$= 2(\cos t)^3 - \cos t - 2\cos t \cdot (\sin t)^2$$
$$= 4(\cos t)^3 - 3\cos t$$
$$\sin 3t = \sin(2t+t) = \sin 2t \cdot \cos t + \cos 2t \cdot \sin t$$
$$= 2\cos^2 t \cdot \sin t + \{1-2(\sin t)^2\}\sin t$$
$$= -4(\sin t)^3 + 3\sin t$$

を得る．

6. $x-\sin x$ は $x=0$ で 0，その導函数は $1-\cos x$ で負にならないので，$x\geqq 0$ で常に $x\geqq \sin x$ となる．$\sin x-\dfrac{2}{\pi}x$ は $x=0$ および $x=\dfrac{\pi}{2}$ で 0 となるが，その導函数は $\cos x-\dfrac{2}{\pi}$ で，0 と $\dfrac{\pi}{2}$ の間のある値で 1 回だけ 0 となる．したがって，$\sin x-\dfrac{2}{\pi}x$ のグラフを考えれば，0 と $\dfrac{\pi}{2}$ の間で負とならないことがわかる．

7. $\arcsin \dfrac{x}{a}$ を x で微分すれば $\dfrac{1}{a}\dfrac{1}{\sqrt{1-\dfrac{x^2}{a^2}}}=\dfrac{1}{\sqrt{a^2-x^2}}$ となる．一方，$x\sqrt{a^2-x^2}$ の導函数は

$$\sqrt{a^2-x^2}-\frac{x^2}{\sqrt{a^2-x^2}}=\sqrt{a^2-x^2}+\frac{a^2-x^2}{\sqrt{a^2-x^2}}-\frac{a^2}{\sqrt{a^2-x^2}}=2\sqrt{a^2-x^2}-\frac{a^2}{\sqrt{a^2-x^2}}$$

となるので,両者を比較して

$$a^2\arcsin\frac{x}{a}+x\sqrt{a^2-x^2}$$

の導函数は $2\sqrt{a^2-x^2}$ となる.したがって,

$$\frac{1}{2}a^2\arcsin\frac{x}{a}+\frac{1}{2}x\sqrt{a^2-x^2}$$

の導函数は $\sqrt{a^2-x^2}$ となるが,これは $x=0$ のとき 0 となるので,求める $f(x)$ である.

第7章

1. 面積速度が $\dfrac{c}{2}$ であるから,$t=0$ における垂直方向の速度(y' の値)は c で,進む方向が $t=0$ のとき水平方向と $45°$ の角をなすから,$t=0$ のとき x' も c である.したがって,本文におけるように $\dfrac{c}{r}-\dfrac{k}{c}=f(\theta)$ とおけば,$f(0)=c-\dfrac{k}{c}=0\,(c=\sqrt{k}$ から$)$,$f'(0)=-c$ となるので,$f(\theta)=-c\sin\theta$,これより順次,$c-\dfrac{k}{c}r=-cy$,$kr=c^2(1+y)$,$r=1+y$,$x^2+y^2=(1+y)^2$,$y=\dfrac{1}{2}(x^2-1)$ を得て,軌道は図のような放物線になる.

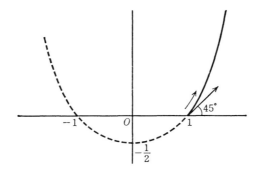

2. §4の図9において $0<a<r$ として考えると,x と $x+\varDelta x$ における水平線に直交する面ではさまれた球面の部分の質点に及ぼす力の水平線分

は，
$$2\pi rmk\mathit{\Delta} x(x-a)(r^2-2ax+a^2)^{-\frac{3}{2}}$$
であり，求むる値は
$$2\pi rmk\int_{-r}^{r}(x-a)(r^2-2ax+a^2)^{-\frac{3}{2}}dx$$
$$=2\pi rmk\left[\frac{1}{a}(x-a)(r^2-2ax+a^2)^{-\frac{1}{2}}+\frac{1}{a^2}(r^2-2ax+a^2)^{\frac{1}{2}}\right]_{-r}^{r}$$
$$=0$$
となる．$((r^2-2ar+a^2)^{\frac{1}{2}}=r-a$ に注意$)$

3. 時刻 t のとき質点が O から x の距離にあれば，そのとき質点に働く力は半径 x の球の部分の引力で，その質量 $\frac{4}{3}\pi x^3 m$ が点 O に集ったと考えれば，加速度は $-\frac{4}{3}\pi kmx$ となる．したがって，第6章で扱った運動となる．第6章問1により，定数 a, b によって，
$$x=a\cos\left(\sqrt{\frac{4}{3}\pi km}\right)t+b\sin\left(\sqrt{\frac{4}{3}\pi km}\right)t$$
と表せるが，$t=0$ のとき，$x=r, x'=0$ であるから，$a=r, b=0$ で，$x=r\cos\left(\sqrt{\frac{4}{3}\pi km}\right)t$ を得る．

索　引

ア 行

アポロニウス　59, 194
アルキメデス　19, 132
一次函数　14, 30
一次式　10
円　41
円周の長さ　19, 130
円周率　19
円錐　55
円錐曲線　59
円の面積　124
オイラーの定数　159
折れ線　142

カ 行

階乗　100
数の組　32
加速度　79
ガリレオ・ガリレー　70
函数　12, 30
逆函数　113
球　53
球の体積　128
球の表面積　129
級数　28
極限　24
極小値　106
極大値　105
曲面　53
空間の座標　52
グラフ　47, 59
計算尺　157
係数　11
ケプラー　193
ケプラーの法則　194
減少函数　105
原点　37, 39, 52
勾配　48

サ 行

最小値　109
最大値　109
座標　37, 39, 52
座標軸　39, 52
座標の原点　37, 39, 52
三角函数　178
三次函数　14
三次式　11
算術　1
指数函数　143
質点　35
収束　24
重力の定数　71
瞬間の速度　73
焦点　62, 194
常用対数　157
初期条件　163

数列　24
正弦函数　178
正接函数　179
成分　68, 89, 215
積分　91, 117, 121
接線　77
増加函数　105
双曲線　45
速度　67, 68, 69, 73
速度の成分　68

タ 行

対数函数　155
代数函数　15
楕円　43
多項式　11, 30
力　65
力の成分　89, 215
力の分解　202
長円　43
直線の座標　37
ティコ・ブラエ　193
定数　8
定積分　121
デカルト　v, 35
等加速度運動　78
導函数　91
等速度運動　64, 67, 68, 69
凸　107, 108

ナ 行

二次函数　14, 30
二次曲線　43

二次曲面　55
二次式　10, 43
ニュートン　v, 64, 193
ネイピア　156

ハ 行

速さ　67
万有引力　196
微係数　93
ピタゴラスの定理　4
微分　91
　〃　（和）　96
　〃　（積）　97
　〃　（商）　100
　〃　（函数の函数）　101
　〃　（逆函数）　113
　〃　（函数の平方根）　103
微分係数　93, 94
微分方程式　117
不定積分　121
平方根　14, 15
平面曲線　41
平面の座標　39
冪級数　28
変位　35, 37, 50
変化の分量　66
変化率　92
変数　8
放物線　45, 87
母線　55

マ 行

無限小　95

面積速度　195

ヤ 行

有理函数　14
有理式　11

余弦函数　178

ラ 行

ライプニッツ　94

新装版 数学入門シリーズ
微積分への道

2015年3月6日　第1刷発行

著　者　雨宮一郎
　　　　あめみやいちろう

発行者　岡本　厚

発行所　株式会社　岩波書店
　　　　〒101-8002 東京都千代田区一ツ橋2-5-5
　　　　電話案内 03-5210-4000
　　　　http://www.iwanami.co.jp/

印刷・精興社　製本・中永製本

Ⓒ 雨宮節子 2015
ISBN 978-4-00-029832-2　　Printed in Japan

Ⓡ〈日本複製権センター委託出版物〉　本書を無断で複写複製（コピー）することは、著作権法上の例外を除き、禁じられています。本書をコピーされる場合は、事前に日本複製権センター（JRRC）の許諾を受けてください。
JRRC　Tel 03-3401-2382　http://www.jrrc.or.jp/　E-mail jrrc_info@jrrc.or.jp

新装版 数学入門シリーズ（全8冊）

A5判・並製カバー，平均288頁

数学を学ぶ出発点である高校数学の全分野から横断するテーマ群を選び，わかりやすく解説．高校から大学への橋渡しのために学習する人，また数学を学び楽しみたい読者に長年にわたって支持されているシリーズの新装版．初学者や中学・高校で数学を教える現場の先生に最適の定番テキストが文字を拡大してA5判に大型化．ご要望にお応えして，読みやすくテキストとしても使いやすい形にいたしました．

代数への出発	松坂和夫	296頁	本体2800円
微積分への道	雨宮一郎	248頁	本体2500円
複素数の幾何学	片山孝次	292頁	本体2800円
2次行列の世界	岩堀長慶	300頁	本体2800円
順列・組合せと確率	山本幸一	262頁	本体2600円
日常のなかの統計学	鷲尾泰俊	286頁	本体2700円
幾何のおもしろさ	小平邦彦	346頁	本体2900円
コンピュータのしくみ	和田秀男	226頁	本体2400円

――――― 岩波書店刊 ―――――

定価は表示価格に消費税が加算されます
2015年3月現在